FIXING FUTURES

Planetare Zukünfte zwischen Spekulation und Kontrolle / Planetary Futures between Speculation and Control

MG
GU

Neofelis

AL	Antonia Lotz
AMH	Anna-Maria Hünnes
AS	Adhavan Sundaramurthy
BJ	Berndt Jasper
CB	Christoph Burchard
CL	Colin Lyons
FG	Felix Giesa
FK	Fleur Kemmers
GW	Gwenola Wagon
IN	Ina Neddermeyer
JA	Jon Ardern
JB	Judith Blume
JC	Joachim Curtius
JE	Juliane Engel
JH	Jana Hartmann
JM	Jennifer Markwirth
JRSA	Jordan Rita Seruya Awori
JS	Julia Schubert
JW	Joshua Wodak
KS	Katja Schulz
LD	Laura Domes
MF	Móka Farkas
LH	Libby Heaney
MJ	Manpreet Jattana
ML	Maize Longboat
MP	Maximilian Prüfer
MES	Maroan el Sani
NF	Nina Fischer
NW	Nico Wunderling
SA	Samira Akbarian
SGM	Steven Gonzalez Monserrate
SH	Sophia Hanelt
SMW	Susanne M. Winterling
SST	Sascha Staubach
TB	Tega Brain
TH	Tomas Hickler
THO	Tizian Holzbach
TP	Tim Pickartz
OR	Oliver Ressler
PD	Petra Döll

Inhalt / Content

Grußwort
Goethe-Universität

Das Museum Giersch der Goethe-Universität, kurz MGGU, ist Museum und Universität und noch viel mehr. Ein Ort, am dem Sie Forschungsergebnisse und Impulse aus den Wissenschaften erleben können, kombiniert mit künstlerischen Positionen, dargestellt in künstlerischen Ausdrucksformen. Ein Ort vielfältiger Angebote, inklusiv, inspirierend und unterhaltsam. Ein Ort, der dazu einlädt, sich Fragestellungen aus der natur- und lebenswissenschaftlichen Forschung ebenso zu nähern wie solchen aus den sozial- und geisteswissenschaftlichen Disziplinen.
Die Welt ist im Umbruch wie vielleicht nie zuvor, lokal, national und international. Unterschiedlichste Strömungen und Veränderungsprozesse treffen aufeinander, von der globalen bis zur lokalen Ebene. Auch wenn sich nicht jede*r täglich mit den Veränderungen auseinandersetzt, so spüren wir doch deren Einflüsse auf unser Leben im Jetzt und im Morgen. Die damit verbundenen Herausforderungen fordern uns, und manchmal überfordern sie uns auch. Weil die Veränderungen so komplex und schwer zu überblicken sind, sind Unsicherheiten oder gar Angst vor diesem Morgen verständlich und menschlich.
In der Ausstellung *Fixing Futures. Planetare Zukünfte zwischen Spekulation und Kontrolle* und bei der Lektüre dieses Katalogs werden Sie einer Vielzahl von Perspektiven begegnen, die sich mit technologischen und gesellschaftlichen Entwicklungen wie Geoengineering, Wettermanipulation oder neuen Computertechnologien auseinandersetzen. Die Kuratorinnen Laura Domes und Ina Neddermeyer wollen die großen globalen Veränderungen unserer Zeit beleuchten, und sie haben sich dafür eng mit Wissenschaftler*innen der Goethe-Universität abgestimmt. Sie begnügen sich nicht mit der bloßen Benennung und Darstellung der Herausforderungen, sondern haben existierendes Wissen und künstlerische Perspektiven verknüpft, um nach möglichen Szenarien für eine aktive Gestaltung von alternativen Zukünften zu fragen.
Wissenschaft ebenso wie künstlerische Prozesse sind nichts Abgeschlossenes. Weder die dargestellten Veränderungen noch die möglichen Szenarien zukünftiger Entwicklungen erheben einen Anspruch auf Vollständigkeit. Die Ausstellung will zum Nachdenken und Reflektieren anregen; die beteiligten Künstler*innen und Wissenschaftler*innen laden Sie herzlich dazu ein.
Allen, die an diesem Projekt mitgewirkt haben, gilt mein besonderer Dank. Vor allem danke ich der Kulturstiftung des Bundes und der Hessischen Kulturstiftung für die finanzielle Förderung. Ich wünsche der Ausstellung und dem begleitenden Katalog die Aufmerksamkeit, die unsere Zukunft verdient.

Enrico Schleiff
Präsident der Goethe-Universität Frankfurt am Main

Welcome
Goethe University

The Giersch Museum of Goethe University, or MGGU for short, is a museum and university and so much more. A place where you can experience research results and new ideas from the sciences combined with artistic positions presented in artistic forms of expression. A place that offers a wide variety of programs, inclusive, inspiring, and entertaining. A place that invites you to explore questions from the natural and life sciences as well as from the social sciences and humanities.
The world is in upheaval perhaps like never before, locally, nationally, and internationally. All kinds of different trends and processes of change are happening at once, from the global to the local level. Even if not everyone thinks about these changes every day, we nonetheless feel their influences on our lives both now and tomorrow. The challenges associated with them are demanding, and sometimes they overwhelm us too. Because the changes are so complex and difficult to have an overview of, uncertainties or even fear of this tomorrow are understandable and human.
In the exhibition *Fixing Futures. Planetary Futures between Speculation and Control* and as you read this catalog, you will encounter many perspectives that explore technological and social developments such as geoengineering, weather manipulation, and new computer technologies. The curators Laura Domes and Ina Neddermeyer want to shed light on the big global changes of our times, and in order to do so they have worked in close consultation with scientists from Goethe University. They are not satisfied with merely listing and presenting the challenges, but rather have brought together existing knowledge and artistic perspectives in order to ask about possible scenarios for actively shaping alternative futures.
Both science and artistic processes are never finally concluded. Neither the changes described nor the possible scenarios of future developments claim to be exhaustive. The exhibition aims to stimulate people to think about and reflect on these issues; the artists and scientists involved warmly invite you to do so.
My special thanks go to everyone who worked on this project. I would especially like to thank the German Federal Cultural Foundation and the Cultural Foundation of Hesse for their financial support. I hope that this exhibition and its accompanying catalog receive the attention our future deserves.

Enrico Schleiff
President of Goethe University, Frankfurt am Main

Nina Fischer & Maroan el Sani: *Metakosmia*, 2024

Grußwort
Hessische Kulturstiftung

Kunst schafft seit jeher Räume, in denen (Un-)Mögliches gedacht, in denen frei interpretiert, spekuliert, fabuliert werden kann. Zugleich war und ist Kunst immer ein Kind ihrer Zeit und reagiert als solches auf aktuelle Herausforderungen, Entwicklungen und Erkenntnisse aus Politik, Gesellschaft und – nicht zuletzt – Wissenschaft. Ihre Fähigkeit, die Trennlinie zwischen Fakt und Fiktion verschwimmen zu lassen, barg und birgt hierbei stets das Potenzial, die Grenzen des Denkbaren zu erweitern und Veränderungsprozesse anzustoßen – sei es, indem sie zerstörerische Szenarien entwirft, die auffordern, Gegebenes zu hinterfragen, oder vor den Folgen gegenwärtiger Trends warnen, sei es, indem sie neue, hoffnungsfrohe Perspektiven eröffnet, welche die Betrachtenden inspirieren, gar motivieren, aktiv Verbesserungen herbeizuführen.
Das Museum Giersch der Goethe-Universität nimmt sich in der Ausstellung *Fixing Futures. Planetare Zukünfte zwischen Spekulation und Kontrolle* und dem vorliegenden Begleitkatalog einem der drängendsten und schwierigsten Themenkomplexe unserer Zeit an: dem Klimawandel und seinen Auswirkungen auf unser aller Zukunft. Gemäß seiner Zielsetzung, an der Schnittstelle von Universität und Stadtöffentlichkeit Diskurse zu gesellschaftspolitisch relevanten Fragestellungen anzustoßen, schafft das Museum dabei in Kooperation mit dem Graduiertenkolleg Fixing Futures und C³S – Center for Critical Computational Studies eine Plattform für interdisziplinäre Begegnungen und vielfältigen Austausch: Verschiedene Visionen planetarer Zukünfte aus Wissenschaft und Forschung treffen auf Werke der Bildenden Kunst, die auf Grundlage wissenschaftlicher Arbeitsweisen und Erkenntnisse utopische und dystopische Zukünfte imaginieren – das Publikum ist durch Partizipationsangebote eingeladen, im Dialog mit Wissenschaft und Kunst die präsentierten Zukünfte aus- und umzugestalten.
In der Hessischen Kulturstiftung sind wir von der Wirkkraft und dem positiven Einfluss, den künstlerische Äußerungen auf gesellschaftlichen Austausch und Fortschritt haben können, überzeugt. Im Schulterschluss mit Wissenschaft und Politik können sie uns als Gesamtgesellschaft anregen, gemeinsam planetare (Un-)Möglichkeitsräume auszuloten und unser aller Zukunft auszuformen. Diese wichtige Ausstellung im Museum Giersch der Goethe-Universität haben wir daher sehr gerne unterstützt.

Prof. Dr. Andreas Dombret, Vorsitzender des Vorstands
Eva Claudia Scholtz, Geschäftsführerin

Welcome

Cultural Foundation of Hesse

Art has always created spaces where the (im-)possible can be conceived, where people can interpret, speculate, and fabulate freely. At the same time, art always has been and still is a child of its time and as such reacts to current challenges, developments, and discoveries in politics, society and – not least – science. Its ability to blur the line between fact and fiction consistently contained and still contains today the potential to expand the boundaries of the conceivable and initiate processes of change – whether by mapping out destructive scenarios that urge us to question the status quo, warning us about the consequences of contemporary trends, or opening up new, hopeful perspectives that inspire the viewer or even motivate them to actively bring about positive changes.

In the exhibition *Fixing Futures. Planetary Futures between Speculation and Control* and this accompanying catalog, the Giersch Museum of Goethe University takes on one of the most urgent and difficult sets of issues of our time: climate change and its effects on the future of all of us. Following its stated aim to initiate discourse on socio-politically relevant questions at the interface between the university and the city's public life, the museum creates – in cooperation with the graduate school Fixing Futures and C^3S – Center for Critical Computational Studies – a platform for interdisciplinary encounters and diverse exchange: different visions of planetary futures from science and research are shown alongside pieces of work from visual art that imagine utopian and dystopian futures based on scientific ways of working and knowledge. Furthermore, a participatory program invites the public to continually shape and reshape the futures presented in dialog with science and art.

At the Cultural Foundation of Hesse we are convinced of the powerful effect and positive influence artistic expression can have on dialog and progress in society. Standing shoulder to shoulder with science and politics, art can inspire society to explore planetary spaces of (im-)possibilities and to shape our future. Thus, we were very pleased to support this important exhibition at the Giersch Museum of Goethe University.

Prof. Dr. Andreas Dombret, Chairman of the Board of Directors
Eva Claudia Scholtz, Executive Director

Jana Hartmann: *Die Aussicht ist ja grandios,* seit / since 2020

Vorwort

Die globale Erderwärmung konfrontiert heute Gesellschaften weltweit auf unmittelbare Weise mit ihren Zukünften: Die Erfahrung kontinuierlich steigender Emissionen steht im Zusammenhang mit der Hoffnung auf einen radikalen Politikwandel, die wachsende Sorge vor katastrophalen Kipppunkten droht angesichts der empfundenen Machtlosigkeit vieler Menschen zu eskalieren. Dies führte in den letzten Jahren zu dem verstärkten Bedürfnis, die Zukunft greifbar zu machen, sie zu fixieren. Mithilfe von komplexen Modellen, akribischen Roadmaps oder kreativen Szenarien soll die Zukunft nicht nur besser verstanden, sondern auch aktiv gestaltet, gar kontrolliert werden. Die Ausstellung *Fixing Futures. Planetare Zukünfte zwischen Spekulation und Kontrolle* und der vorliegende Katalog thematisieren diese Bestrebungen, Zukunft zu bestimmen, und analysieren das Spannungsverhältnis zwischen radikaler Unsicherheit und Kontrollambitionen. Die verschiedenen wissenschaftlichen, politischen und künstlerischen Projektionen verdeutlichen, dass Zukunft niemals singulär ist. Häufig stehen die unterschiedlichen Modellierungen, Simulationen und Spekulationen sogar konkurrierend oder konflikthaft nebeneinander. Zukünfte werden daher als Kombination vielfältiger Zukunftsvisionen von Wissenschaftler*innen und Künstler*innen verstanden. Dabei wird deutlich, dass die Auseinandersetzung mit Zukünften notwendigerweise ein politisches Projekt ist, das bestehende Machtverhältnisse und Gestaltungsmöglichkeiten reflektiert.

In der Ausstellung werden Modellierungsverfahren, Theorien und Werke antiker und zeitgenössischer Künstler*innen und Wissenschaftler*innen als Teil eines Kontinuums von Vorhersagen und Spekulationen gezeigt. In dieser vergleichenden Perspektive wird das kreative Potenzial von Gesellschaften deutlich, gemeinsame Zukünfte zu gestalten. Dementsprechend haben wir uns dazu entschieden, dass dialogische Konzept der Ausstellung auch für den Katalog fortzuführen.

Der Katalog gliedert sich in eine Einleitung und sieben Kapitel, um das Thema multiperspektivisch zu beleuchten. Die ersten beiden Kapitel widmen sich der Entstehung planetarer Umweltprobleme im Kontext von Biodiversitätsverlust und Ressourcenknappheit, die zu einem sechsten Massenaussterben führen. Auffallend ist dabei, dass sich heutige Gesellschaften bei der Vorstellung möglicher Zukünfte und der Lösung planetarer Umweltprobleme zunehmend auf technologische Lösungen verlassen. Technologien wird die Fähigkeit zugeschrieben, Probleme handhabbar zu machen. Hochspekulative Versuche, den Klimawandel etwa durch Geoengineering zukünftig technisch kontrollieren zu können, werden im dritten Kapitel des Katalogs kritisch reflektiert. Demgegenüber stehen im vierten Kapitel dekoloniale Perspektiven, die alternative Zukünfte entwerfen und dazu beitragen, gerechtere Ansätze der Zukunftsgestaltung zu entwickeln. Daran anschließend beschäftigt sich das fünfte Kapitel mit der Frage, inwiefern alternative Zukunftsszenarien nicht nur auf ungerechte Zustände in unserer Gegenwart verweisen, sondern vielmehr zu einer Aktivierung führen und Bürger*innen Handlungsoptionen für klimagerechtere Zukünfte aufzeigen können. Die abschließenden Kapitel widmen sich der Frage, in welchem Verhältnis digitale Räume und Umwelträume zueinanderstehen und welche Rolle algorithmische Modellierungen in der Bewältigung der Klimakrise spielen. Wie kann beispielsweise das radikale Potenzial von Quantencomputern genutzt werden, um unsere Systeme jenseits eines extraktiven Kapitalismus anders zu denken, indem wir uns neue, unerwartete Kollaborationen vorstellen? Quantencomputing gilt als vermeintliche Schlüsseltechnologie: Neben Handlungsfeldern wie Pharmakologie, Biotechnologie und Finanzwesen sollte es auch darum gehen, welcher Beitrag zu den Klimawissenschaften geleistet wird.

Für uns als Museum ist es dabei ein wesentliches Anliegen, Nachhaltigkeit bei allen Schritten – von der Ausstellungskonzeption über die Gestaltung bis hin zur Produktion des Katalogs – mitzudenken. So haben die Ausstellungsarchitekt*innen von social.form das kongeniale Design aus gebrauchten Materialien konzipiert. Dafür wurden Schwerlastregale auseinandergebaut und auf besondere Weise für die

Foreword

Global warming confronts societies across the world today with their futures in an immediate way: the experience of continually rising emissions exists alongside hope for radical political change, growing worry about catastrophic tipping points threatens to escalate given the powerlessness felt by many people. In the last few years, this has led to a stronger need to make the future graspable, to °fix° it. With the help of complex models, meticulous roadmaps, or creative scenarios, the aim is not only to understand the future better, but also to actively shape it, even control it. The exhibition *Fixing Futures. Planetary Futures between Speculation and Control* and this catalog explore these aspirations to determine the future and analyze the relationship between the opposing poles of radical uncertainty and ambitions of control. The various scientific, political, and artistic projections demonstrate that the future is never singular. The different models, simulations, and speculations often compete with each other or are even in conflict. Futures are therefore understood as combinations of many different visions of the future from scientists and artists. This also makes clear that dealing with futures is necessarily a political project, which reflects existing power relations and the possibilities of shaping those futures.

This exhibition presents modelling processes, theories, and works by ancient and contemporary artists and scientists as part of a continuum of predictions and speculations. From this comparative perspective, the creative potential of societies to shape shared futures is made clear. In keeping with this, we have decided to continue the exhibition's dialogic format in the catalog too.

The catalog is divided into an introduction and seven chapters, in order to shed light on the subject from multiple perspectives. The first two chapters focus on the emergence of planetary environmental problems in the context of the loss of biodiversity and resource scarcity, which are leading to a sixth mass extinction. What is striking here is that when imagining possible futures and solutions to planetary environmental problems, today's societies increasingly resort to technological solutions. The belief is that technologies have the ability to make problems manageable. We reflect critically on highly speculative attempts to be able to technically control climate change in future, with geoengineering for example, in the catalog's third chapter. This is contrasted with the decolonial perspectives in the fourth chapter, which outline alternative futures and contribute to developing more just approaches to shaping the future. The subsequent fifth chapter asks to what extent alternative future scenarios not only highlight unjust conditions in our present, but also lead to activating people and draw attention to ways citizens can take action for futures with more climate justice. The final chapters focus on the question of the relationship between digital spaces and environmental spaces, and what role algorithmic modelling plays in tackling the climate crisis. For example, how can the radical potential of quantum computers be used to conceive of our systems differently, beyond extractivist capitalism, by imagining new, unexpected collaborations? Quantum computing is considered a supposed key technology: along with areas of application like pharmacology, biotechnology, and the financial system, the question is also what contribution is being made to the climate sciences.

For us as a museum, it is an essential concern to consider sustainability in every step of this process – from the planning stages of the exhibition and its design to the production of the catalog. Thus, for example, the exhibition architects from social.form came up with a brilliant design using recycled materials. For this, heavy-duty shelving was dismantled and used in a special way for the exhibition. For example, the shelves were used as magnetic walls providing the background for the exhibition texts. After being used for the exhibition architecture, the heavy-duty shelving can be returned to its original purpose once again. You can find these and other sustainability features of the exhibition project, which demonstrate our path to becoming a climate active museum, dispersed throughout the catalog.

Ausstellung verwendet. So bieten beispielsweise Regalbretter als Magnetwände den Untergrund für Ausstellungstexte. Nach der Verwendung als Ausstellungsarchitektur können die Schwerlastregale wieder für ihren ursprünglichen Zweck eingesetzt werden. Diese und weitere Nachhaltigkeitsmerkmale des Ausstellungsprojekts, die unseren Weg zum klimaaktiven Museum aufzeigen, finden Sie in diesem Katalog verteilt.

Der Ausstellungsparcours zieht sich erstmalig durch das gesamte Museumsgebäude:Nicht nur wurde das komplette Erdgeschoss mit in die Ausstellung einbezogen – neben der Küche, die Kaffee und Tee anbietet, und einer Bibliothek, die zum Verweilen und Vertiefen der Ausstellungsinhalte einlädt, wird auch das MGGU_LAB als Ausstellungsraum bespielt. Wichtiger Bestandteil der Ausstellung sind zudem die Außenflächen: So wurden die Balkone in Zusammenarbeit mit dem Landschaftsgärtner der Goethe-Universität, Robert Anton, entsiegelt und mit bestäuberfreundlichen Pflanzen ausgestattet. Und auch der Garten wird Teil der Ausstellung, da hier die Arche des Kollektivs Baltic Raw Org nicht nur wahrnehmbar, sondern auch betretbar ist.

Die Ausstellung und der vorliegende Katalog sind der Auftakt einer Neupositionierung des Museum Giersch der Goethe-Universität, das sich an der Schnittstelle von Universität und Stadtgesellschaft als multidisziplinäres Forum versteht und wissenschaftlich sowie gesellschaftspolitisch relevante Fragestellungen verhandelt.

Dafür, dass diese Ausstellung und der Katalog entstehen konnten, möchte ich im Namen des gesamten Teams danken. Der Goethe-Universität und der Stiftung Giersch für die kontinuierlichen Förderungen. Ohne die großzügige finanzielle Unterstützung der Kulturstiftung des Bundes und der Hessischen Kulturstiftung hätten wir dieses Projekt nicht in dieser Form realisieren können.

Ich danke allen Künstler*innen und Wissenschaftler*innen, die durch ihre vielfältigen Beiträge die Ausstellung und den Katalog bereichern. Vor allem das C³S (Center for Critical Computational Studies), das Graduiertenkolleg Fixing Futures und das Forschungszentrum Normative Orders haben Ausstellung und Publikation ganz wesentlich unterstützt und zum Erfolg beigetragen. Ganz besonders möchte ich Julia Schubert und Steven Gonzalez Monserrate danken, die das Projekt als wissenschaftlicher Beirat begleitet und wichtige Impulse gegeben haben.

Mein großer Dank geht an alle Leihgeber*innen, die dieses Projekt unterstützt haben, vor allem an das Institut für Geschichte der Islamisch-Arabischen Wissenschaften und die Universitätssammlungen, die nicht nur für die Ausstellung Exponate zur Verfügung gestellt haben, sondern auch im Katalog, ebenfalls in dialogischer Form, überraschende Perspektiven auf das Thema Zukünfte einbringen.

Ich danke den Architekt*innen von social.form, die eine nachhaltig begeisternde Ausstellungsarchitektur entworfen und vor allem auch die Konzeption für die Neubespielung des Erdgeschosses entwickelt haben – als Ort mit Aufenthaltsqualität.

Zur Ausstellung ist der vorliegende Katalog erschienen, der in einer der nachhaltigsten Druckereien in der DACH-Region hergestellt wurde. Für die Gestaltung danke ich Anna Pirot und ihrem Team, die das Ausstellungsthema hervorragend grafisch umgesetzt haben. Außerdem danke ich Matthias Naumann und dem Neofelis Verlag für die sorgfältige Veröffentlichung der Publikation. Großzügig unterstützt wurde der Druck durch das Graduiertenkolleg Fixing Futures.

Last but not least danke ich meinen großartigen Kolleg*innen im MGGU, besonders meiner Co-Kuratorin Laura Domes, dem Kurator für Diskurs und Vermittlung Tim Pickartz und dem kuratorischen Assistenten Tizian Holzbach, die mit größter Präzision diese Ausstellung und das Begleitprogramm mit konzipiert und umgesetzt haben.

Ich wünsche den Leser*innen der Publikation viel Vergnügen und eine anregende Lektüre: Wahrscheinlich können wir die Zukunft nicht reparieren, aber wir können heute unsere Ressourcen so nutzen, dass wir gemeinsam bessere planetare Zukünfte ermöglichen.

Ina Neddermeyer, Direktorin des MGGU – Museum Giersch der Goethe-Universität

The route through the exhibition makes its way through the entire museum building for the first time: not only was the whole ground floor included in the exhibition – along with the kitchen, which will offer coffee and tea, and a library, which invites visitors to spend some time looking deeper into the issues raised in the exhibition, the MGGU_LAB is also used as an exhibition space. The outdoor areas are also an important part of the exhibition: the balconies were opened up in collaboration with Robert Anton, the landscape gardener at Goethe University, and filled with pollinator-friendly plants. The garden too is part of the exhibition, where the ark by the collective Baltic Raw Org can not only be seen, but also entered.
The exhibition and this catalog are the beginning of the Giersch Museum of Goethe University repositioning itself as a multidisciplinary forum at the interface of the university and the city's public life that negotiates scientific and socio-politically relevant questions.
On behalf of the entire team, I would like to express thanks for making this exhibition and catalog possible. To Goethe University and the Giersch Foundation for their continued support. Without the generous financial support of the German Federal Cultural Foundation and the Cultural Foundation of Hesse, we would not have been able to make this project happen in this form.
I would like to thank all the artists and scientists who enrich the exhibition and the catalog with their diverse and varied contributions. Especially the C³S (Center for Critical Computational Studies), the graduate school Fixing Futures, and the research center Normative Orders have supported the exhibition and publication in essential ways and helped to make them a success. Special thanks to Julia Schubert and Steven Gonzalez Monserrate, who have accompanied the project as an academic advisory board and provided important input.
Very big thanks also go to all those who supported this project by lending materials, especially the Institute of the History of Arab-Islamic Science and the university collections, which not only provided exhibits for the exhibition, but also contributed surprising perspectives on the subject of futures to the catalog, also in dialogic form.
I thank the architects from social.form, who designed a sustainably inspiring exhibition architecture and, most importantly, developed the plans to use the ground floor in a new way – a place that's now very inviting to spend time in.
This catalog to accompany the exhibition was produced by one of the most sustainable printers in the German-speaking region. I thank Anna Pirot and her team for the design, which graphically captures the exhibition's theme in a most wonderful way. I also thank Matthias Naumann and Neofelis Verlag for carefully accompanying it to publication. The graduate school Fixing Futures provided generous support for the printing costs.
Last but not least, I thank my wonderful colleagues at the MGGU, especially my co-curator Laura Domes, curator for discourse and communication Tim Pickartz, and curatorial assistant Tizian Holzbach, who all helped to design and implement this exhibition and its accompanying program with the greatest precision.
I wish you, the reader of this publication, an enjoyable and inspiring read: we probably can't repair the future, but we can use our resources today in such a way that together we can make better planetary futures possible.

Ina Neddermeyer, Director of MGGU – Museum Giersch of Goethe University

Gwenola Wagon: *Chronicles of the Dark Sun – Plane*, 2023

Fixing Futures. Planetare Zukünfte zwischen Spekulation und Kontrolle
Ina Neddermeyer, Steven Gonzalez Monserrate, Laura Domes, Julia Schubert, Tim Pickartz

Seit Menschengedenken sind unsere Leben zutiefst davon geprägt, dass wir, wie begrenzt auch immer, versuchen, die Zukunft vorherzusehen: die sich verändernden Jahreszeiten, die in den Sternen geschrieben stehen; das Aufspüren von Vorzeichen wie Rauch oder aufziehende Gewitterwolken am Himmel, die Gefahren ankündigen; die Wanderungen und Rhythmen der Pflanzen und Tiere, auf die wir zum Überleben angewiesen sind. Ob in der Hand von Wahrsager*innen, die zukünftige Entwicklungen mit spirituellen Mitteln vorhersagen, oder durch die minutiöse Arbeit von Wissenschaftler*innen, die Modelle von lokalem Wetter, globalen Zirkulationsdynamiken, Pandemien oder nationalen Ökonomien entwickeln, die Zukunft bleibt ein Rätsel, das unsere Neugier geweckt und es uns ermöglicht hat, nicht nur zu überleben, sondern auch uns zu entfalten.

IN Die Beschäftigung mit Zukünften – vergangene und aktuelle – ist ein Schwerpunkt, der sich durch meine kuratorische Praxis zieht. 2022 habe ich die Ausstellung *Fetisch Zukunft. Utopien der dritten Dimension* kuratiert, welche die Frage gestellt hat, wie durch Technologien eine bessere Zukunft versprochen wird, die irdische Sehnsüchte befriedigt. Die Imagination von Zukünften verrät außerordentlich viel über den aktuellen Zustand von Gesellschaften. Gegenwärtig stellt die Klimakrise die größte Herausforderung dar, vor der wir stehen, sie ist aber nur ein Bestandteil einer Polykrise. Das heißt, es überlagern sich zeitgleich verschiedenste Konflikte, und deutlich wird, dass die Klimakrise eine Gerechtigkeitskrise ist, bei der die Auswirkungen und Betroffenheiten global unterschiedlich verteilt sind.

SGM Ich war schon immer von der Zukunft fasziniert. Als Kind war meine Fantasie durch das Lesen von Science-Fiction voll mit verschiedenen Möglichkeiten, was in meiner Lebenszeit und darüber hinaus passieren könnte. Wie viele meiner

Auflage
Wir haben die Auflagen unserer vergangenen Kataloge kritisch überprüft und mit unseren Beständen abgeglichen. Um nicht für das Lager zu produzieren, haben wir uns entschieden, eine verhältnismäßig kleine Auflage von 500 Exemplaren zu produzieren. Wir gehen davon aus, dass wir diese Anzahl an Büchern über den Buchhandel und Kooperationen an Leser*innen verteilen können.

Jordan Rita Seruya Awori: *Iwapo section 11*, 2023

Fixing Futures. Planetary Futures between Speculation and Control

Ina Neddermeyer, Steven Gonzalez Monserrate, Laura Domes, Julia Schubert, Tim Pickartz

Print run

We critically assessed the print runs for our past catalogs and compared them to the number of catalogs we still have left in stock. In order not to produce catalogs that only end up sitting in storage, we decided to only print a relatively small print run of 500 copies. We are confident that we can distribute this number of books to readers via booksellers and cooperating partners.

From ancient times to the present, our lives have been profoundly shaped by our attempts, however limited, to anticipate the future: the changing seasons written in the stars, the tracking of omens that signal danger, like smoke or storm clouds on the horizon, the migrations and rhythms of the plants and animals, on which we have depended for sustenance. Whether in the hand of augurs, divining the shape of events yet to come through spiritual means, or through the meticulous work of scientists, who develop models of local weather, global circulation dynamics, pandemics, or national economies, the future remains an enigma that has inspired our curiosity and enabled us not only to survive, but to flourish.

IN Dealing with futures – past and current – is a focus that runs through all of my curatorial work. In 2022, I curated the exhibition *Fetishizing the Future. Utopias of the Third Dimension,* which explored how we're promised technologies that will create a better future which satisfies our earthly desires. How futures are imagined tells us an extraordinary amount about the current state of societies. Right now, the climate crisis is the biggest challenge we're facing, but it's really just a part of a polycrisis. That means there are several very different conflicts overlapping at the same time and it's clear that the climate crisis is also a justice crisis, which impacts people differently across the world.

SGM I've always been fascinated by the future. Reading science fiction as a child filled my imagination with different possibilities for what might happen in my lifetime and beyond. Like many people in my generation, I believed in a vague notion of °progress°, an inevitable, singular trajectory of increasing technological sophistication. It was easy to believe this growing up as a millennial in the generation when personal computers and mobile phones first appeared. This all changed when I first encountered anthropology at university, where I realized that every human invention and technological feat was contingent rather than inevitable. In my research on computing infrastructures and data centers, there is much talk about the future: the projected growth of the tech sector, the impact of new technologies like quantum computing and molecular storage, and the obstacles to decarbonization as demand for Artificial Intelligence surges.

LD I'm familiar with this belief in an unstoppable and positive progress through technology from my childhood and youth too. It was shaken for the first time by literature: Margaret Atwood's *Oryx and Crake* really disturbed me back then and awakened my interest in alternative futures. The novel describes the dystopian future scenario of a world where humanity has been almost completely wiped out by an artificially created virus. The main thing that fascinated me was how Margaret Atwood describes the use of the technology that ultimately leads to the catastrophe in the novel.

JS I remember delving into the history of futurology as an undergraduate. The grandiose ambitions to predict the future of society after the end of the Second World War really struck me, and I ended up writing my BA thesis on the subject. I was particularly interested in the concrete tools and devices that people had devised in an effort to glimpse the future – the °Delphi method°, for example, which relies on expert judgement, but invokes the predictive powers of an ancient oracle. I now work on the history and sociology of climate science. Climate science is certainly as concerned with predicting the future as futurology, but it's concerned with a very different kind of future. The field has essentially grown out of scientific and political efforts to understand and manage an incredibly complex, ever-changing global climate system. So, looking back, I would say that what continues to fascinate me about the future are the various elaborate (and in some cases bizarre) tools and devices that humans have devised to make the future known and to tame its uncertainties.

Generation, habe ich an die vage Idee des °Fortschritts° geglaubt, an eine unumgängliche, singuläre Entwicklungslinie der zunehmenden technologischen Raffinesse. Es war leicht, das zu glauben, schließlich wuchs ich als Millennial in einer Generation auf, in der Computer und Mobiltelefone erstmals aufkamen. Doch das änderte sich, als ich mich an der Universität mit Anthropologie beschäftigte und mir klar wurde, dass jede menschliche Erfindung und jede technologische Errungenschaft zufällig und nicht unumgänglich waren. In meiner Forschung zu Recheninfrastrukturen und Datenzentren wird viel von der Zukunft geredet: das erwartete Wachstum des Tech-Sektors, die Auswirkungen von neuen Technologien wie Quantencomputing und der Speicherung von Daten in Molekülen sowie die Hindernisse für eine Dekarbonisierung angesichts einer rasant steigenden Nachfrage nach künstlicher Intelligenz.

LD Dieser Glaube an einen unaufhaltsamen und positiven Fortschritt durch Technologie ist mir auch aus meiner Kindheit und Jugend vertraut. Er wurde zum ersten Mal durch Literatur erschüttert: Margaret Atwoods *Oryx und Crake* hat mich damals verstört und mein Interesse an alternativen Zukünften geweckt. Der Roman beschreibt das dystopische Zukunftsszenario einer Welt, in der die Menschheit durch ein künstlich geschaffenes Virus fast vollständig ausgelöscht worden ist. Mich faszinierte daran vor allem, wie Margaret Atwood den Einsatz von Technologie beschreibt, der im Roman schließlich zur Katastrophe führt.

JS Ich erinnere mich, wie ich als Bachelorstudentin in die Geschichte der Zukunftsforschung abgetaucht bin. Die unglaublichen Anstrengungen, die Zukunft der Gesellschaft nach dem Ende des Zweiten Weltkriegs vorherzusagen, faszinierten mich ungeheuer, und so kam es, dass ich sogar meine Bachelorarbeit über dieses Thema schrieb. Mich interessierten vor allem die konkreten Werkzeuge und Vorrichtungen, die Menschen erdacht hatten, um einen Blick auf die Zukunft zu erhaschen – die °Delphi-Methode° zum Beispiel, die auf den Einschätzungen von Expert*innen basiert, aber auch die prophetischen Kräfte eines antiken Orakels anklingen lässt. Jetzt arbeite ich zur Geschichte und Soziologie der Klimaforschung. Die Klimaforschung beschäftigt sich sicherlich genauso wie die Zukunftsforschung mit dem Vorhersagen der Zukunft, aber es geht ihr um eine ganz andere Art der Zukunft. Das Fachgebiet ist grundsätzlich aus wissenschaftlichen und politischen Anstrengungen erwachsen, das unglaublich komplexe und sich ständig verändernde globale Klimasystem zu verstehen und zu managen. Wenn ich also zurückschaue, würde ich sagen, dass meine Faszination für die Zukunft nach wie vor von den verschiedenen ausgeklügelten (und manchmal auch bizarren) Werkzeugen und Vorrichtungen ausgeht, die Menschen erdacht haben, um die Zukunft zu erfassen und ihre Ungewissheiten einzugrenzen.

IN Diese Idee, dass man Zukünfte vorhersehen kann, fixieren kann und es damit scheinbar gewisse Kontrollmöglichkeiten gibt, das hat mich als Ausstellungsthema fasziniert. Zukünfte sollen nicht mehr diese undefinierbare Blackbox, sondern vermeintlich eineindeutig bestimmbar sein. Was denkt ihr, ist es möglich, die Zukunft vorherzusagen? Sie zu °fixieren°?

JS Das hängt davon ab, wen man fragt und über welche Art von Zukunft man redet. Die Natur- und Ingenieurswissenschaften beruhen auf der Idee eines vorausschauenden Wissens. Verlässliche Vorhersagen zu treffen, ist nicht nur eine Sache der Praktikabilität, sondern eine grundlegende Weise des Verstehens. Zum Beispiel ist es offensichtlich sehr hilfreich, das Wetter so genau wie möglich vorhersagen zu können oder simulieren zu können, wie Ozeane und die Atmosphäre auf steigende Treibhausgaswerte reagieren, aber es funktioniert auch als Mittel, um das wissenschaftliche Verständnis der zugrundeliegenden physikalischen Prozesse zu testen. In diesem Sinne sind Modelle eine Art virtuelles Labor, eine Grundlage des Experimentierens. Und Gesellschaften sind auf verschiedenste Weisen auf diese Art eines entscheidenden vorausschauenden Wissens angewiesen. Zum Glück jedoch bedeutet dies nicht, dass °die Zukunft° – im Sinne unserer gemeinsamen Zukunft als Menschen auf dieser Erde – fixiert ist. Tatsächlich würde ich als

Ausstellung

Auch bei der Planung und Realisation der Ausstellung haben wir besonderen Wert auf Maßnahmen zur Verbesserung der Umweltwirkung gelegt, die über die allgemeinen Bemühungen unseres Museums noch hinausgehen. Außerdem sorgen wir für die Weiterverwendung vorhandener Geräte, Baustoffe und Produktionsmaterialien.

Ausstellungsarchitektur

Bei der Ausstellungsarchitektur greifen wir zum einen auf den eigenen Bestand an Sockeln als Sitzmöbel und Displays zurück, zum anderen kommen sortenreine Schwerlastregale zum Einsatz, die bereits eine Vornutzung hatten und nach der Ausstellung als Regale wiederverwendet werden. Auch Teile der vorherigen Ausstellung werden weiterhin genutzt und genauso ist eine Nachnutzung aktueller Umbauten geplant, z.B. der Bepflanzung der Balkone des Hauses, die mit einer Entsiegelung der Flächen einhergeht.

Libby Heaney: *Q is for Climate (?)*, 2023

Exhibition

During the planning and execution of the exhibition too, we placed particular importance on ways of improving our impact on the environment, going beyond the museum's general efforts. We also make sure that we reuse existing equipment as well as construction and production materials.

Exhibition architecture

For the exhibition architecture, we firstly made use of items we already had like display screens and pedestals, which we used as seats, and secondly, we used a single type of previously used heavy-duty shelving that will be returned to its original use as shelving after the exhibition. We also kept parts of the previous exhibition for use in this one and are planning for some of our conversions to be used afterwards, for example, the planting of the building's balconies, which involved unsealing the surfaces.

IN This idea that you can predict the future, fix or secure it and then seemingly have a certain amount of control over it, fascinated me as a theme for an exhibition. The idea of futures as no longer being this indefinable black box, but can supposedly be determined without any ambiguity. What do you all think, is it possible to predict the future? To °fix° it?

JS That depends on who you ask and what kind of future you're talking about. The natural and engineering sciences are based on the idea of predictive knowledge. Making reliable predictions is not just a matter of practicality, it's a matter of fundamental understanding. For example, being able to predict the weather as accurately as possible or to simulate how the oceans and atmosphere will respond to rising greenhouse gas levels is obviously very useful, but it also serves as a means of testing the scientific understanding of the underlying physical processes. In this sense, models provide a kind of virtual laboratory, a foundation for experimentation. And societies depend on this kind of crucial predictive knowledge in many different ways. Fortunately, however, this does not mean that °the future° – in the sense of our collective future as human beings on this earth – is fixed. In fact, as a sociologist, I would dare to say that the future remains indeterminate in almost every way that matters to real human beings. Ultimately, the future is shaped by ideas and ideologies that materialize in concrete political struggles. The relevant question, then, is how we manage to mobilize predictive kinds of knowledge within socially meaningful kinds of political struggles regarding the future.

TP Thinking about futures is very strongly linked to the present and to the past for me. It seems to me that the faith that we can fix the future is a false hope: we'll be able to solve the problems we inherited in the present at some point in future. That might be, but the question is what we can and must do today. This discrepancy between the now and the unimaginable periods of time that these challenges we're facing will take place in became painfully clear to me when I was part of a team that cultivated earth for several weeks. It was part of the art project *Absorption* (2021) by Asad Raza. Our aim was to produce new – fertile, good – soil. Finding out how toxic our soils are and that there are no quick solutions,

Soziologin die Behauptung wagen, dass die Zukunft in fast allen Bereichen, die für die echten Menschen von Bedeutung sind, unbestimmt bleibt. Letzten Endes wird die Zukunft von Ideen und Ideologien geformt, die sich in konkreten politischen Kämpfen niederschlagen. Die relevante Frage wird somit, wie wir es schaffen, vorausschauende Arten des Wissens innerhalb von gesellschaftlich bedeutsamen politischen Kämpfen um die Zukunft einzusetzen.

TP Das Nachdenken über Zukünfte ist für mich stark mit der Gegenwart und der Vergangenheit verbunden. Mir scheint, dass der Glaube an das Reparieren der Zukunft eine trügerische Hoffnung ist: Wir werden die geerbten Probleme der Gegenwart irgendwann lösen können. Das mag sein, aber die Frage ist, was wir heute tun können und müssen. Diese Diskrepanz zwischen dem Jetzt und den unvorstellbaren Zeiträumen, in denen die Herausforderungen liegen, vor denen wir stehen, wurde mir schmerzlich bewusst, als ich als Teil eines Teams mehrere Wochen lang Erde kultivierte. Dies geschah im Rahmen des Kunstwerks *Absorption* (2021) von Asad Raza. Unser Ziel war es, eine neue – fruchtbare, gute – Erde zu schaffen. Die Erkenntnis, wie toxisch unsere Böden sind und dass es keine schnellen Lösungen gibt, sondern wir mit dem arbeiten müssen, was vorhanden ist, hat mein Denken sehr geprägt. Dennoch hatte die Arbeit eine Wirkung: Wir waren eine Gemeinschaft von zunächst Fremden, die eine Vision entwickelten und diese auch mit anderen teilten. Unsere Arbeit war eine Fiktion. Es ging nicht um den konkreten Boden, sondern darum, über Erde zu sprechen und allgemein über den Zustand unserer Welt, die sich in einer multiplen Krise befindet. Wir haben dem eine Erzählung oder Fiktion entgegengestellt, die eine individuelle Wirkmächtigkeit behauptet und auch Hoffnung enthält.

SGM Im Laufe der Zeit wurden Science-Fiction-Autor*innen wie Jules Verne für ihre vermeintlich prophetischen Kräfte gepriesen; hellsichtig haben sie sich Welten ausgedacht, in denen Menschen zum Flug gen Himmel oder Weltraum abheben weit vor den ersten erfolgreichen Luftfahrten; oder haben sich vorgestellt, wie im Fall von Octavia E. Butler, dass 2024 ein planetarischer Kipppunkt wird, während eine unabwendbare Klimakatastrophe die Welt aus den Fugen geraten lässt, wie in *Die Parabel vom Sämann* (1993). Ähnlich wie Wissenschaftler*innen aus der Wissenschafts- und Technikforschung so wie ich sind Science-Fiction-Autor*innen mehr daran interessiert, die gesellschaftlichen Auswirkungen von technologischen oder wissenschaftlichen Durchbrüchen zu beschreiben, als sie akkurat vorherzusagen. Autor*innen wie Ursula K. Le Guin sehen die Zukunft als etwas, auf das man hoffen kann oder vor dem man warnen sollte, nicht als etwas, dass man jemals vollständig kennen könnte. Wie wir uns die Zukunft vorstellen, hängt erheblich davon ab, wer wir in der gegenwärtigen Welt sind – alles von unserer Ethnizität und Nationalität bis zu unserem Gender und unserer Generation. Also statt nach °der° Zukunft, wäre es passender, nach °wessen° Zukunft zu fragen. Wenn wir die Zukunft als etwas umdeuten, das – genauso wie die Gegenwart oder die Vergangenheit – eine Frage der Perspektive ist, dann wird die Möglichkeit einer vollumfänglichen Vorhersage unmöglich.

LD In der Auseinandersetzung mit verschiedenen Zukunftsmodellen, Szenarien und Visionen bei der Vorbereitung der Ausstellung wurde immer deutlicher, dass Zukunft nicht im Singular stehen kann, dass es also nicht die eine Zukunft gibt – sondern dass wir es mit ganz unterschiedlichen Bestrebungen zu tun haben, Zukünfte zu fixieren. Wir haben uns dann für den englischen Haupttitel *Fixing Futures* entschieden, weil wir darin die Möglichkeit sehen, verschiedene Dimensionen des Modellierens von Zukünften, des Nachdenkens über Zukünfte und des Imaginierens von Zukünften abzubilden. °Futures° – °Zukünfte° steht in der Ausstellung immer im Plural, weil für uns klar ist, dass Zukünfte ein Kontinuum von Vorhersagen und Spekulationen sind, und auch °Fixing° steht für mehrere Dimensionen: Zum einen natürlich für °fixieren°, für die vielfältigen Versuche, die Zukünfte vorherzusagen, sie zu beschreiben oder zu modellieren. Zum anderen aber auch im Sinne von °reparieren° für die vielfältigen Ansätze, Zukünfte aktiv zu gestalten, vielleicht sogar

Verpackung

Die Frage der Verpackung ist komplex: Einwegverpackungen bestehen häufig aus Plastik, sind in der Regel also Produkte, die auf Erdöl basieren und über Millionen von Jahren durch natürliche Prozesse geformt wurden. Der Verzicht auf eine Verpackung würde zwar Abfall reduzieren, aber auch das Risiko einer Beschädigung erhöhen. Ohne Verpackung wäre das Buch ungeschützt, was dazu führen könnte, dass es beschädigt wird. In diesem Fall würde es wahrscheinlich aus dem Verkehr gezogen und entsorgt. Laut einer Logistikumfrage des Börsenvereins des Deutschen Buchhandels werden etwa 10% der Bücher an Verlage zurückgeschickt (beim Neofelis Verlag waren es 2024 7,5%). Davon werden ca. 50% wieder in den Verkauf genommen, die andere Hälfte entsorgt bzw. als Mängelexemplare verschenkt. In einigen Fällen wird das Buch stattdessen in Ausschusspapier eingewickelt, das bei der Kalibrierung der Druckmaschinen anfällt, oder in dünnes Recyclingpapier. Hierbei kommen keine zusätzlichen Verpackungsmaterialien oder nur solche aus Zellstoff zum Einsatz. Wir haben uns für eine Einzelverpackung der Kataloge in Recycling-Packpapier entschieden, um diese zu schützen. Die Anlieferung erfolgt in Kartons aus Recyclingpappe.

Packaging

The issue of packaging is complex: single-use packaging is usually made of plastic and is therefore generally a product based on petroleum that has been formed over millions of years through natural processes. Not using any packaging would reduce waste, but also increase the risk of damage. Without any packaging the book would not be protected, which could lead to it being damaged. In that case, it would probably be taken out of circulation and thrown away. According to a logistics survey carried out by the German Publishers and Booksellers Association, around 10% of books are sent back to publishers (at Neofelis Verlag it was 7.5% in 2024). Around 50% of those are put back on sale, the other half are disposed of or given away as remaindered copies. In some cases, books are wrapped in waste paper produced by printing presses while they are calibrating, or in thin recycled paper. This means that no additional packaging materials or only those made of cellulose are used. We chose to package the catalogs in recycled packing paper in order to protect them. They were delivered in boxes made from recycled cardboard.

but that we have to work with what we've got instead, really influenced how I think. Nonetheless, the work had an effect: we were a community, at first of strangers, who developed a vision and shared it with others too. Our work was a fiction. It wasn't about the actual soil, but about talking about earth and the state of our world in general, which is currently going through multiple crises. In contrast to this, we presented a narrative or a fiction that contained hope and asserted that an individual can make a difference.

SGM Science fiction writers like Jules Verne have been lauded over the years for their seemingly oracular powers; they presciently imagined worlds where humans would take flight in the skies or to the stars long before the first triumphs of aviation; or in the case of Octavia E. Butler, imagined that the year 2024 would be a planetary breaking point as irreversible climate disaster rattled the world in *Parable of the Sower* (1993). Similar to scholars in science and technology studies like myself, science fiction writers are more interested in describing the societal impacts of technological or scientific breakthroughs than anticipating them accurately. Writers like Ursula K. Le Guin view the future as something to hope for or warn against, not something that can ever be fully known. How we imagine the future depends greatly on who we are in the world of the present – everything from our ethnicity and nationality to our gender and generation. So rather than °the° future, the more appropriate question might be °whose° future. If we reframe the future as something that is, like the present or past, a matter of perspective, then the possibility of total prediction is impossible.

LD As we explored the different models, scenarios and visions of the future while preparing for this exhibition, it became more and more clear that we can't talk about the future in the singular, that there's no such thing as one single future – instead we're dealing with lots of different attempts to °fix° different possible futures. That's why we chose the main English title *Fixing Futures,* because in it we see the possibility of representing the various dimensions of modelling, thinking about and imagining different futures. °Futures° is always written in the plural in the exhibition, because it's clear to us that futures are a continuum of predictions and speculation. The °fixing° also represents several dimensions: on the one hand of course, for fixing in the sense of securing, pinning down, all the different attempts to predict the futures, to describe them or create models of them. On the other, fixing can also mean repairing, in the sense of the many different attempts to shape the futures actively, maybe even to control them and to change existing injustices and risks from the past and the present through speculative practices.

TP Although we know very well how we can deal with the challenges of the present – I'm thinking especially of climate change here – there is definitely some resistance. Probably out of fear of losing privileges and status: that's basically the fear of change. As well as that, the alternative model to the status quo is still being negotiated and various different social groups have different ideas about what the future should look like. That creates uncertainty. But orientation and control are fundamental human psychological needs. Many people seem emotionally overwhelmed, rationally they believe that climate protection is important, but they have no capacity left to act and then withdraw into their private lives – crisis fatigue. What can we do about that, how can we motivate people? I guess we have to talk more about how nice a world where we emit a lot less CO_2 could be: clean air and clean water, healthy soils. In the exhibition, we build a bridge between the climate sciences and our feelings by talking to the scientists and artists about their emotions. Of course, anger, shame and grief come up too, but that's contrasted by the joyful anticipation of the future that arises when we realize that we can in fact do something. What do you all think, should we hope for the future or fear it?

SGM I view the future as a wellspring of endless possibility. My training as a social scientist prevents me from viewing anything as inevitable, because so much of human history demonstrates that for every era-defining innovation or event, there might have easily been a past where none of those developments

zu steuern oder bestehende Ungerechtigkeiten und Risiken aus Vergangenheit und Gegenwart durch spekulative Praktiken zu verändern.

TP Obwohl wir eigentlich recht genau wissen, wie wir den Herausforderungen der Gegenwart – ich denke vor allem an den Klimawandel – begegnen könnten, gibt es durchaus Widerstände. Vermutlich aus Angst vor dem Verlust von Privilegien und Status: Das ist im Grunde Transformationsangst. Zudem wird der Gegenentwurf zum Status quo noch ausgehandelt, und verschiedene gesellschaftliche Gruppen haben unterschiedliche Vorstellungen davon, wie die Zukunft aussehen soll. Das erzeugt Unsicherheit. Orientierung und Kontrolle sind aber psychische Grundbedürfnisse des Menschen. Viele Menschen scheinen emotional überfordert, sie halten Klimaschutz rational für wichtig, haben aber keine Kapazitäten mehr zu handeln und ziehen sich ins Private zurück – Krisenmüdigkeit. Wie kann man dem begegnen, wie Menschen motivieren? Wir müssen wohl mehr darüber sprechen, wie schön eine Welt sein könnte, in der wir viel weniger CO_2 emittieren: saubere Luft und sauberes Wasser, gesunde Böden. In der Ausstellung schlagen wir eine Brücke zwischen den Klimawissenschaften und unseren Gefühlen, indem wir mit den Wissenschaftler*innen und Künstler*innen über ihre Emotionen sprechen. Natürlich geht es da auch um Wut, Scham oder Trauer, doch dem gegenüber steht Zukunftsvorfreude, die entsteht, wenn wir realisieren, dass wir durchaus etwas tun können. Was meint ihr, sollten wir auf die Zukunft hoffen oder sie fürchten?

SGM Ich sehe die Zukunft als eine Quelle unendlicher Möglichkeiten. Meine Ausbildung als Sozialwissenschaftler hält mich davon ab, irgendetwas als unausweichlich anzusehen, weil so vieles in der Menschheitsgeschichte zeigt, dass es für jede Innovation oder jedes Ereignis, die eine Epoche geprägt haben, genauso gut eine Vergangenheit hätte geben können, in der keine dieser Entwicklungen zustande gekommen oder woanders geschehen wäre. Die Geschichte ist voll von Ereignissen, die hätten geschehen können, aber wegen des kleinsten einen oder anderen Zufalls ganz knapp abgewendet wurden. Das literarische Subgenre der Alternativweltgeschichte erkundet diese unendlichen Möglichkeiten, wie zum Beispiel *Das Orakel vom Berge* von Philip K. Dick (1962), das von einem Sieg der Achsenmächte am Ende des Zweiten Weltkriegs ausgeht. Ich sehe mich also eher auf der Seite der Hoffnung, weil so gut wie nichts, was in der Vergangenheit geschehen ist, unausweichlich war, was damit auch für die Zukunft gilt. Margaret Atwood, die Autorin von *Der Report der Magd* (1985), hat das Konzept einer °Unstopie° als Alternative zu Dystopie oder Utopie entwickelt, um diese Binarität zu durchkreuzen und darauf aufmerksam zu machen, wie eine Dystopie für manche gleichzeitig eine Utopie für andere ist. Und deshalb wird die Zukunft immer sowohl von einem Funken Hoffnung als auch Angst geprägt sein.

JS Ich denke, genau in solchen Momenten, angesichts von (multiplen) Krisen, ist es wichtig, die Zukunft als eine Quelle der Möglichkeiten zu bewahren. Das bedeutet nicht, auf naive Weise optimistisch zu sein. Ganz im Gegenteil; es bedeutet, das menschliche Handeln ernst zu nehmen, im Guten wie im Schlechten. Ich würde gern eine politische Vision sehen, wenn es um die Zukunft geht. Es scheint heutzutage eine Tendenz zu geben, solch eine Vision mit wissenschaftlichen Prognosen zu ersetzen, was mir den Punkt auf entscheidende Weise zu verfehlen scheint. Sich mit der Zukunft zu befassen, sollte mehr bedeuten, als nur Risiken zu bewerten, Krisen abzuwenden, sich an Veränderungen anzupassen. Es sollte bedeuten, sich mit Ideen und Idealen für ein gesellschaftliches Miteinander auseinanderzusetzen – und für sie zu kämpfen.

LD Die Ausstellung zeigt keine geschlossene Zukunftsvision, sondern vielfältige Spekulationen von Künstler*innen und Wissenschaftler*innen. Gehen Wissenschaftler*innen und Künstler*innen unterschiedlich mit Zukünften um oder gibt es nicht eigentlich viele Gemeinsamkeiten?

SGM Vielleicht ist die Antwort, dass Erstere annehmen, dass die Zukunft erfasst werden kann, während Letztere es nicht so sehen. Stattdessen versuchen

Bepflanzung

Die Balkone und Terrassen des Museums wurden durch Bepflanzung entsiegelt, was sich temperatursenkend auf das Gebäude auswirkt. Insektenfreundlicher Sommerflieder, verschiedene Kräuter und ein Sedumteppich sorgen nicht nur für eine Begrünung, sondern bringen auch mehr Artenvielfalt und Biodiversität ins Museum. Wildrosen im 3. OG reduzieren die Sonneneinstrahlung und spenden zusätzlich Schatten.

Bindung

Um die Haltbarkeit zu erhöhen und die Lagerfähigkeit zu verlängern, wurden die Seiten dieses Buches nicht geklebt, sondern mit Faden geheftet, was die Wahrscheinlichkeit des Zerfalls verringert und eine längere Nutzung des Buchs ermöglicht.

Planting

The surfaces of the museum's balconies and terraces were unsealed in the process of being planted, one effect of which is reducing the building's temperature. Insect-friendly summer lilac, various herbs, and a sedum carpet not only make the place greener visually, but also bring a greater variety of species and biodiversity into the museum. Wild roses on the third floor reduce the amount of sunlight and also provide shade.

Binding

In order to increase durability and lengthen storage life, the pages of this book were not glued, but bound with thread instead. This reduces the probability of the book falling apart and enables it to be used for longer.

occurred, or they might have occurred elsewhere. History is full of might-have-beens that were narrowly curtailed because of one narrow contingency or another. The literary subgenre of alternate history explores these infinite possibilities, as was the case with Philip K. Dick's *The Man in the High Castle* (1962), which imagined an Axis powers victory at the end of the Second World War. For me then, I lean towards hope, because almost nothing that has occurred in the past was unavoidable, and so the same is true of the future. Margaret Atwood, the author of *The Handmaid's Tale* (1985), invokes the concept of °ustopia° rather than dystopia or utopia, to interrupt this binary, highlighting how a dystopia for some is, at the same time, a utopia for others. And so there will always be a kernel of both hope and fear shaping the future.

JS I think it's precisely at moments like these, in the face of (multiple) crises, that it's important to maintain the future as a source of possibility. That doesn't mean being naively optimistic. On the contrary, it means taking human agency seriously, for better or for worse. I would like to see political vision when it comes to the future. There sometimes seems to be a tendency nowadays to replace such vision with scientific projections, which I think misses the point in a crucial way. Dealing with the future should mean more than managing risks, averting crises, adapting to change. It should mean grappling with – and struggling for – ideas and ideals for social life.

LD The exhibition doesn't present closed visions of the future, but instead a wide variety of speculations from artists and scientists. Do scientists and artists deal with futures differently or are there actually a lot of similarities?

SGM Perhaps the answer is that the former presume that the future is knowable while the latter do not. Instead, artists seek to render possibilities, weaving commentaries, questions, or provocations into their works. This might be the case for the pieces on exhibit or the stories from science fiction that inspired them. But where does that leave social scientists? To study societies is to accept that human behavior is complex, inconsistent, and always prone to a kind of chaos of infinite

Adhavan Sundaramurthy: *Inaichol*, 2019

Künstler*innen, Möglichkeiten zu erschaffen und dabei Kommentare, Fragen oder Provokationen in ihre Werke einzubauen. Dies könnte über die hier gezeigten Werke gesagt werden oder über die Science-Fiction-Geschichten, die sie inspiriert haben. Aber wie steht es dann um die Sozialwissenschaftler*innen? Um Gesellschaften zu studieren, muss man akzeptieren, dass menschliches Verhalten komplex und widersprüchlich ist und immer zu einer Art Chaos mit unendlichen Varianzen neigt. Für uns in den Sozialwissenschaften ist die Zukunft nichts, das jemals vollständig erfasst werden kann. Stattdessen bedeutet, die Zukunft zu studieren, in den Blick zu nehmen, wie Menschen sich die Zukunft vorstellen, über sie denken und ausgehend von der Idee der Zukunft, der sie sich verschrieben haben, handeln. Einfach gesagt, steckt etwas Wahres in der Vorstellung von einer sich selbst erfüllenden Prophezeiung. Wenn man sich so verhält, als würde man glauben, ein bestimmtes Ereignis wäre unausweichlich, führt man es am Ende womöglich selbst herbei. Die Zukunft wird dann durch Konventionen, Infrastrukturen und Vorstellungen festgeschrieben, die versuchen, ein gewünschtes Ergebnis zu forcieren oder herbeizuführen. Aber wie die Künstler*innen in der Ausstellung sind wir Sozialwissenschaftler*innen skeptisch, ob solche Ergebnisse jemals garantiert werden

Jana Hartmann: *the future is present: Virtual Verdure*, 2024

variety. For us in the social sciences, the future is not something that can ever entirely be known. Instead, studying the future means studying how people imagine, think about, and act upon the idea of the future that they subscribe to. Put simply, there is a truth to the notion of a self-fulfilling prophecy. If you behave as if you believe that some event is inevitable, then you might end up bringing it about. The future then is fixed through conventions, infrastructures, and imaginaries that attempt to stabilize or set up a desired outcome. But like the artists in the exhibit, we social scientists are suspicious that such outcomes can ever be guaranteed, because the complexity of nature and human behavior vastly exceed our capacities for comprehension.

IN I'm not sure if it makes sense to create such a strong opposition between artists and scientists at this point. Of course, there are pieces of work, such as *Q is for Climate (?)* by Libby Heaney, which use quantum computers to very deliberately think about futures not just as linear, but as simultaneous. However, at the same time there are very clearly dystopian perspectives, such as in Gwenola Wagon or Oliver Ressler's work, who present the climate crisis and our strategies to solve it as dark visions of the future. They don't really think about the future as particularly open, as a space of multiple possibilities. Interestingly, it was much more difficult to find utopian scenarios by artists, who like Tega Brain are working out the potential of current technologies and developing new, collective approaches in the process, following the principle of hope.

TP We use different methods in order to make the complex and sometimes very abstract content of the exhibition and this catalog more accessible for visitors and readers. The texts in this catalog are a collage presented as a continuous dialog. This form of narrative allows the reader to imagine themselves as part of the conversation, to answer questions or ask them, and so to actively partake in shaping the discourse about the futures and carrying them further. This results in an individual narrative. Stories like these allow us to get to know other perspectives and the reality of other people's lives, to ponder moral questions, and ask us to have empathy and think critically about ourselves. Narratives are often the starting point for social action and can support change.

LD Yes, dialog was very important to us when developing both the exhibition and the catalog. The dialog around the idea for the exhibition led to a partnership with Goethe University and with artists, both of whom wanted to create an exhibition about processes of modelling the future and futures research together. We thought about which processes, theories, and models we could show and how that could happen. Each of us worked on our own interests and themes, and contributed our own expertise, so that even the early plans contained multiple voices, which we were then able to transfer over to the exhibition and the catalog. For the exhibition, we chose international artists who work on futures and we worked with scientists from Goethe University who carry out research on the topics of the exhibition. The text section of the catalog consists of an assembled conversation between the exhibition organizers, scientists, and artists, which mainly addresses weather and climate control, planetary environmental problems, geoengineering, and **decolonial** futures. Statements from the scientists are presented equally alongside the artistic pieces in the exhibition, which demonstrates our belief that different perspectives and practices can exist together and benefit from each other by doing so. Of course, all that would be incomplete without the visitors to the museum and the readers, whom we also invite to express themselves in the exhibition, continue telling the stories we present, and add their own stories and futures.

Decolonial

Decolonial approaches question colonial and Eurocentric thought patterns (i.e. viewing Europe as the center of the world), challenge supposedly universal truths, and place the focus on alternative ways of relating to life and the world. This expanded perspective on the concept of decolonization, which in the first instance means the transformation of a colony into a self-governing state, is often used as a synonym for postcolonial (literally: after-colonial). However, the term °decolonial° has its own history as a concept and is more concerned with overcoming the internalized values, stereotypes, and thinking patterns that were forced on colonized peoples and continue to exist after the period of colonization has ended.

Cf. Onur Erdur: Dekolonisierung. In: Ulrich Bröckling / Susanne Krasmann / Thomas Lemke (eds): *Glossar der Gegenwart 2.0.* Berlin: Suhrkamp 2024; Dekolonial. In: *The Living Archives,* n.d. https://thelivingarchives.org/glossar/dekolonial/ (accessed: December 17, 2024).

können, weil die Komplexität der Natur und des menschlichen Verhaltens unsere Fähigkeiten, sie zu verstehen, bei Weitem übersteigen.

IN Ich bin mir nicht sicher, ob es an dieser Stelle sinnvoll ist, einen so starken Gegensatz zwischen Künstler*innen und Wissenschaftler*innen aufzumachen. Natürlich gibt es Werke, wie z.B. *Q is for Climate (?)* von Libby Heaney, die mithilfe von Quantencomputern ganz bewusst Zukünfte nicht nur linear, sondern als Gleichzeitigkeit denken. Zugleich gibt es aber auch sehr eindeutig dystopische Annäherungen, wie bei Gwenola Wagon oder Oliver Ressler, die die Klimakrise und deren Bewältigungsstrategien als düstere Zukunftsvisionen präsentieren. Da wird Zukunft nicht besonders offen als multipler Möglichkeitsraum gedacht. Interessanterweise war es auch viel schwieriger, utopische Szenarien von Künstler*innen zu finden, die wie Tega Brain das Potenzial aktueller Technologien herausarbeiten und dabei dem Prinzip Hoffnung folgend neue kollektive Ansätze entwickeln.

TP Um die komplexen und teilweise abstrakten Inhalte, wie sie in der Ausstellung und in diesem Katalog verhandelt werden, für Besucher*innen und Leser*innen zugänglicher zu machen, wenden wir unterschiedliche Methoden an. Die Texte dieses Katalogs sind als fortlaufender Dialog collagiert. Diese Form der Erzählung ermöglicht es, sich auch selbst als Teilnehmer*in dieses Gesprächs zu imaginieren, auf Fragen zu antworten oder sie zu stellen und so den Diskurs über die Zukünfte aktiv mitzugestalten und weiterzutragen. Dadurch entsteht eine individuelle Erzählung. Solche Geschichten ermöglichen das Kennenlernen anderer Sichtweisen und Lebensrealitäten, die Auseinandersetzung mit moralischen Fragen und fördern Empathie und Selbstreflexion. Erzählungen sind oft Ausgangspunkte für gesellschaftliches Handeln und können Veränderungen unterstützen.

LD Ja, Dialog war für uns zentral bei der Entwicklung von beidem: Ausstellung und Katalog. Aus dem Dialog zur Ausstellungsidee ist eine Zusammenarbeit mit der Goethe-Universität und mit Künstler*innen entstanden, um gemeinsam eine Ausstellung über Prozesse der Zukunftsmodellierung und Zukunftsforschung zu entwickeln. Wir haben darüber nachgedacht, welche Prozesse, Theorien und Modelle wir zeigen können und wie das passieren könnte. Jede*r von uns hat an seinen eigenen Interessen und Themen gearbeitet und seine eigene Expertise eingebracht, sodass schon der Konzeptentwurf eine Vielstimmigkeit beinhaltet hat, die wir dann auf die Ausstellung und den Katalog übertragen konnten. Für die Ausstellung haben wir internationale Künstler*innen ausgewählt, die sich mit Zukünften beschäftigen, und mit Wissenschaftler*innen der Goethe-Universität zusammengearbeitet, die zu den Ausstellungthemen forschen. Im Textteil des Katalogs steht das montierte Gespräch zwischen Ausstellungsmacher*innen, Wissenschaftler*innen und Künstler*innen im Mittelpunkt, das sich schwerpunktmäßig mit Wetter- und Klimakontrolle, planetaren Umweltproblemen, Geoengineering und **dekolonialen** Zukünften beschäftigt. In der Ausstellung stehen die Statements der Wissenschaftler*innen gleichberechtigt zusammen mit den künstlerischen Arbeiten, was unseren Anspruch zeigt, dass hier verschiedene Perspektiven und Praxen miteinander existieren können und dadurch voneinander profitieren. Das alles ist natürlich nicht vollständig ohne die Museumsbesucher*innen und Leser*innen, die wir auch dazu einladen, sich in der Ausstellung zu äußern und die gezeigten Erzählungen fortzuführen, eigene Geschichten und Zukünfte hinzuzufügen.

Dekolonial

Dekoloniale Ansätze hinterfragen koloniale und eurozentrische, d.h. Europa als Mittelpunkt der Welt auffassende, Denkmuster der Moderne, stellen scheinbar allgemeingültige Wahrheiten in Frage und rücken alternative Lebens- und Weltbezüge in den Mittelpunkt. Diese erweiterte Perspektive auf den Begriff der Dekolonisation, der zunächst die Umwandlung einer Kolonie in einen selbstverwalteten Staat meint, wird häufig synonym mit postkolonial (im Wortsinn: nach-kolonial) verwendet. Der Begriff °dekolonial° verfügt jedoch über eine eigene Begriffsgeschichte, die stärker auf die Überwindung verinnerlichter Wertvorstellungen, Stereotype und Denkmuster abzielt, welche den Kolonisierten aufgezwungen wurden und auch nach dem Ende der Kolonialzeit fortbestehen.

Vgl. Onur Erdur: Dekolonisierung. In: Ulrich Bröckling / Susanne Krasmann / Thomas Lemke (Hrsg.): *Glossar der Gegenwart 2.0.* Berlin: Suhrkamp 2024; Dekolonial. In: *The Living Archives,* o.D. https://thelivingarchives.org/glossar/dekolonial/ (Zugriff am 17.12.2024).

Blockadia*Tiefsee: *earthbed*, 2021

Verwobenheit im Sechsten Massenaussterben *Tim Pickartz, Berndt Jasper (Baltic Raw Org), Móka Farkas (Baltic Raw Org), Antonia Lotz (Blockadia*Tiefsee), Maximilian Prüfer, Thomas Hickler, Jana Hartmann, Juliane Engel, Susanne M. Winterling (Blockadia*Tiefsee)*

TP Wir leben in einer Zeit der multiplen Herausforderungen und Krisen. Die Klimakrise ist darin zentral – sie trifft Regionen, Ökosysteme und Lebewesen weltweit. Lebensräume verändern sich oder verschwinden ganz, viele Tiere und Pflanzen sind vom Aussterben bedroht – Expert*innen sprechen vom Sechsten Massenaussterben, denn etwa eine Million Arten sind betroffen. Extreme Wetterereignisse wie Überschwemmungen oder Tornados nehmen auch in Deutschland spürbar zu. Viele Großstädte können ihre Bewohner*innen nicht mehr vor extrem hohen Temperaturen schützen, weil die Versiegelung von Flächen durch Bebauung und Verkehr zu hoch ist und weiter zunimmt – Frankfurt am Main schneidet hier besonders schlecht ab. Wir spüren also lokal, was sich auf planetarer Ebene abspielt. Die Installation *ARAPOLIS, climate, displacement, gambling* des Hamburger Kollektivs Baltic Raw Org, welches sich aus Künstler*innen, Dramaturg*innen, Wissenschaftler*innen und Architekt*innen zusammensetzt, bildet den Auftakt der Ausstellung. *ARAPOLIS* erzählt von einer Zukunft im Jahr 2054, in der das wohlhabende und biophile Zentrum Manafi im äußersten Süden der nördlichen Hemisphäre liegt, abgeschottet vom Norden, der von Umweltkatastrophen heimgesucht wird

Blockadia*Tiefsee: *Wormery Nr. 1*, 2017

Interconnectedness in the Sixth Mass Extinction

*Tim Pickartz, Berndt Jasper (Baltic Raw Org), Móka Farkas (Baltic Raw Org), Antonia Lotz (Blockadia*Tiefsee), Maximilian Prüfer, Thomas Hickler, Jana Hartmann, Juliane Engel, Susanne M. Winterling (Blockadia*Tiefsee)*

TP We live in a time of multiple challenges and crises. The climate crisis is the most important of all of them – it affects regions, ecosystems, and living beings all over the world. Habitats are changing or disappearing altogether, many species of animals and plants are threatened by extinction – experts are talking about the sixth mass extinction, because around a million species are affected. Extreme weather events such as floods and tornados are also evidently increasing in Germany. Many large cities can no longer protect their populations from extremely high temperatures, because too much ground is sealed by buildings and traffic and continues to increase – Frankfurt am Main has a particularly bad record here. So we can feel what's happening on a planetary level locally.
The installation *ARAPOLIS, climate, displacement, gambling* by Baltic Raw Org, a collective from Hamburg made up of artists, dramaturgs, scientists, and architects, will open the exhibition. *ARAPOLIS* tells the story of a future in the year 2054, in which the wealthy and biophile center, Manafi, located in the far south of the northern hemisphere, is shut off from the north, which is plagued by environmental catastrophes and has mostly been turned into wasteland. An ark in the museum garden promises people fleeing from Europe a new beginning or entry into this paradise.
Visitors to the exhibition are invited to think about what they might do in various different scenarios and place a bet on the future. These bets correspond to scientific prognoses, some of which we will discuss here. I'd like to use one of these bets as the starting point for our conversation, so we can think about our local and global habitats, and how we treat our built and natural environments. So: which type of loss of habitat would affect humanity in a fundamental and permanent way?

BJ First of all, it's important to realize that everything around us has an architectural design and through its very existence creates the structures it needs. The whole ecosystem consists of structures and constructions made by various living creatures. The biosphere is pure architecture. The air has been created by plants, the humus mixed by microbes, trees have a topography, which provides the basic structure for the constructions of other living creatures.

MF In the answers to this bet, we listed how humans take up arms against humans, and humans against the other architects of the biosphere mentioned by Berndt, when they are of the opinion that the site chosen by them belongs to them and only them. The majority of architecture built by people is defensive and seeks to exclude rather than include. The answers were less important to us than portraying these ways of acting from a **non-anthropocentric** perspective.

AL The topic of architecture immediately makes me think of our worm population, which has been part of Blockadia*Tiefsee since 2017. With the help of microbes, the worms turn potato peelings, apple cores, or plant stalks into humus. There's no such thing as rubbish, only resources that are transformed into a valuable habitat for plants and other soil organisms that also binds carbon dioxide through the combined work and decomposing power of archaea, bacteria, and fungi, and the digestive system of toothless, sucking worms – and thus ultimately for bees, birds, and us. And this isn't a pyramid with human beings on top, it's a cycle where every-thing is linked to everything else. For us, a lot revolves around the question of how we can collaborate with the worms. We're always part of the web that we influence with our actions, but can we decide whether we do so as a parasite, host, or a symbiont? Worms huddle together to protect themselves from the cold or dryness, an intertwined pile without hierarchies, where every worm can sometimes be outside, sometimes inside, sometimes on top, sometimes on the bottom. This living knot never needed our anthropocentric idea of architecture.

Anthropocentrism

The anthropocentric worldview assumes that human beings are the center of the planetary community. It includes ethical and religious aspects, as well as economic perspectives regarding the exploitation of natural habitats and resources. Environmental protection, animal welfare, etc. are viewed as sensible, as long as they are beneficial for human beings. Counter-positions to anthropocentrism call for the inclusion of other animal species, all living beings, or nature as a whole and ask whether principles that apply to the treatment of human beings should also be extended to animals and the environment.

Cf. Leonie N. Bossert / Lena M. Schlegel: Anthropozentrismus (in) der Krise. Warum Probleme nicht mit derselben Denkweise gelöst werden können, die sie hervorgerufen hat. In: *GAIA* 31,1 (2022), pp. 14–18.

Baltic Raw Org: *ARK*, 2024

und weitgehend brach liegt. Eine Arche im Garten des Museums verspricht den Menschen, die aus Europa fliehen, einen Neuanfang oder den Eintritt in dieses Paradies. Die Besucher*innen der Ausstellung sind eingeladen, sich in verschiedene Szenarien hineinzudenken und Wetten auf die Zukunft abzuschließen. Diese Wetten entsprechen wissenschaftlichen Prognosen, von denen wir einige diskutieren werden. Ich möchte eine dieser Wetten als Ausgangspunkt für unser Gespräch nehmen, um über unsere lokalen und globalen Lebensräume und unseren Umgang mit der gebauten und natürlichen Umwelt nachzudenken. Also: Welche Art des Habitat-Verlusts trifft die Menschheit elementar und nachhaltig?

MP For me culture is not an antithesis to nature, it's a continuation of evolution – there are endless parallels: a bird's nest is a perfect bowl shape, my hairdresser's scissors work just like a crab's claw, cities are structured according to similar principles as spiders' webs. I've worked with butterflies, ants, flies, and snails. Animals can also be seen as our representatives in my work. The marks they leave, their systems, processes can be seen as ours.[1]

TP You call nature a °multidimensional web°. I ask myself how we can perceive ourselves as interwoven with this web and how we can find a way to live together in a new, more sustainable way in future? Your performative pieces

Maximilian Prüfer: *A Gift From Him*, 2018

BJ Zunächst ist es wichtig, sich bewusst zu machen, dass alles, was uns umgibt, einen Bauplan hat und durch sein Dasein nach seinen Notwendigkeiten Strukturen erzeugt. Das gesamte Ökosystem besteht aus Bauten und Konstruktionen verschiedener Lebewesen. Die Biosphäre ist Architektur pur. Die Luft wurde von den Pflanzen erzeugt, der Humus gemischt von Mikroben, Bäume haben eine Topographie, welche die Statik für andere Konstrukteure bildet.

MF Bei den Antworten auf diese Wette haben wir aufgezählt, wie der Mensch gegen den Menschen und der Mensch gegen die von Berndt benannten Architekturen der Biosphäre zu Felde zieht, wenn er der Meinung ist, der von ihm auserwählte Ort gehöre ihm und nur ihm. Von Menschen erschaffene Architektur ist überwiegend defensiv und versucht eher auszuschließen. Mehr noch als die Antworten war uns wichtig, diese Handlungsweisen aus einer **nicht-anthropozentrischen** Sicht darzustellen.

AL Beim Thema Architektur muss ich gleich an unsere Wurmpopulation denken, die seit 2017 Teil von Blockadia*Tiefsee ist. Zusammen mit Mikroben wandeln die Würmer Kartoffelschalen, Apfelkitschen oder Pflanzenstängel in Humus um. In dieser Welt gibt es keinen Abfall, sondern nur Ressourcen, die in Gemeinschaftsarbeit der zersetzenden Kraft von Archaeen, Bakterien und Pilzen und des Verdauungssystems der zahnlosen, saugenden Würmer unter Bindung von Kohlendioxid in einen wertvollen Lebensraum für Pflanzen und andere Bodenlebewesen transformiert werden – und damit letztlich auch für Bienen, Vögel und uns. Es handelt sich nicht um eine Pyramide mit dem Menschen an der Spitze, sondern um einen Kreislauf, in dem alles mit allem zusammenhängt. Dabei dreht sich bei uns viel um die Frage, wie wir mit den Würmern zusammenarbeiten können. Wir sind immer Teil des Netzes, das wir mit unserem Handeln beeinflussen, aber können wir entscheiden, ob als Parasit, Wirt oder Symbiont? Würmer rotten sich zusammen, um sich vor Kälte oder Trockenheit zu schützen, ein verknoteter Haufen ohne Hierarchien, in der jeder mal Außen, mal Innen, mal Oben, mal Unten sein darf. Dieser lebende Knoten hat nie unsere anthropozentrische Idee von Architektur gebraucht.

Anthropozentrismus

Das Weltbild des Anthropozentrismus geht davon aus, dass der Mensch im Mittelpunkt der planetaren Gemeinschaft steht. Es umfasst neben ethischen und religiösen Aspekten auch ökonomische Perspektiven, die sich auf die Nutzung von Lebensräumen und Ressourcen beziehen. Umweltschutz, Tierschutz etc. werden als sinnvoll erachtet, solange sie dem Menschen nützen. Gegenpositionen zum Anthropozentrismus fordern die Einbeziehung anderer Tierarten, aller Lebewesen oder der Natur als Ganzes und fragen, ob Prinzipien, die für den Umgang mit Menschen gelten, auch auf Tiere und Umwelt ausgedehnt werden sollten.

Vgl. Leonie N. Bossert / Lena M. Schlegel: Anthropozentrismus (in) der Krise. Warum Probleme nicht mit derselben Denkweise gelöst werden können, die sie hervorgerufen hat. In: *GAIA* 31,1 (2022), S. 14–18.

Maximilian Prüfer: *Bee 3,* 2023

MP Kultur ist für mich kein Gegensatz zu Natur, sondern eine Weiterführung der Evolution – es gibt unendlich viele Parallelen: Ein Vogelnest bildet eine perfekte Schale, die Schere meines Friseurs funktioniert wie die eines Krebses, Städte sind nach ähnlichen Prinzipien aufgebaut wie Spinnennetze. Ich habe mit Schmetterlingen zusammengearbeitet, mit Ameisen, Fliegen und Schnecken. In meinen Werken können Tiere auch als unsere Stellvertreter gelesen werden. Ihre Spuren, Systeme, Prozesse als die unseren.[1]

TP Du nennst die Natur ein °multidimensionales Geflecht°. Ich frage mich, wie wir uns als in dieses Geflecht verwoben wahrnehmen können und wie wir ein neues, nachhaltigeres Miteinander für die Zukunft leben können? Deine performativen Arbeiten beschäftigen sich mit den Eingriffen des Menschen in die Natur und ihren planetaren Folgen. In *Fruits of Labour* nimmst aber eher du eine Stellvertreterrolle ein, indem du die Arbeit von Insekten, vor allem Bienen, übernimmst.

MP Insekten bestäuben Blüten, bekämpfen Schädlinge und sorgen für reichhaltige Ernten. Seit langem schrumpfen ihre Populationen dramatisch, weltweit, was Mensch und Natur in Bedrängnis bringt. Das Insektensterben ist ein globales Thema – und berührt mich auf besondere Weise, auch als Künstler.

TP Ausgehend vom Insektensterben in Europa bist du nach China in die Provinz Sichuan gereist. Dort gibt es ein Tal ohne Insekten und Vögel und die Menschen müssen die Obstbäume von Hand bestäuben. Du hast eine einzelne Blüte eines Baumes in diesem Tal bestäubt und später genau eine Birne geerntet. In der Ausstellung sehen wir die Werkzeuge, die du dafür benutzt hast. *Fruits of Labour* zeigt also, wie viel menschliche Anstrengung nötig ist, um den Verlust an **Biodiversität** auszugleichen. Wie konnte es in diesem Tal zu einem so massiven Artensterben kommen?

MP Als eine der Ursachen dieser Situation gilt der sogenannte Spatzenkrieg, der in den späten 1950er Jahren unter Mao geführt wurde. Spatzen oder Sperlinge standen unter Verdacht, das wertvolle Saatgut von den Feldern zu fressen und Ernteausfälle zu verursachen. Innerhalb kurzer Zeit waren geschätzt zwei Milliarden Vögel getötet worden. Als Folge davon nahmen Maden, Heuschrecken und Würmer, deren natürliche Fressfeinde jetzt fehlten, überhand und verursachten nun

Biodiversität

Biodiversität ist ein Begriff aus den Biowissenschaften, der die Vielfalt und Variabilität des Lebens in einem geografisch begrenzten Gebiet beschreibt. Mit dem 1992 ausgehandelten *Übereinkommen über die biologische Vielfalt* wurde Biodiversität zu einem politischen Konzept. Dort wurde folgende Definition vereinbart: °Biologische Vielfalt [bedeutet] die Variabilität unter lebenden Organismen jeglicher Herkunft, darunter unter anderem Land-, Meeres- und sonstige aquatische Ökosysteme und die ökologischen Komplexe, zu denen sie gehören; dies umfasst die Vielfalt innerhalb der Arten und zwischen den Arten und die Vielfalt der Ökosysteme.°

Übereinkommen über die biologische Vielfalt. In: *Fedlex*, 19.10.2021. https://www.fedlex.admin.ch/eli/cc/1995/1408_1408_1408/de#a2 (Zugriff am 19.12.2024).

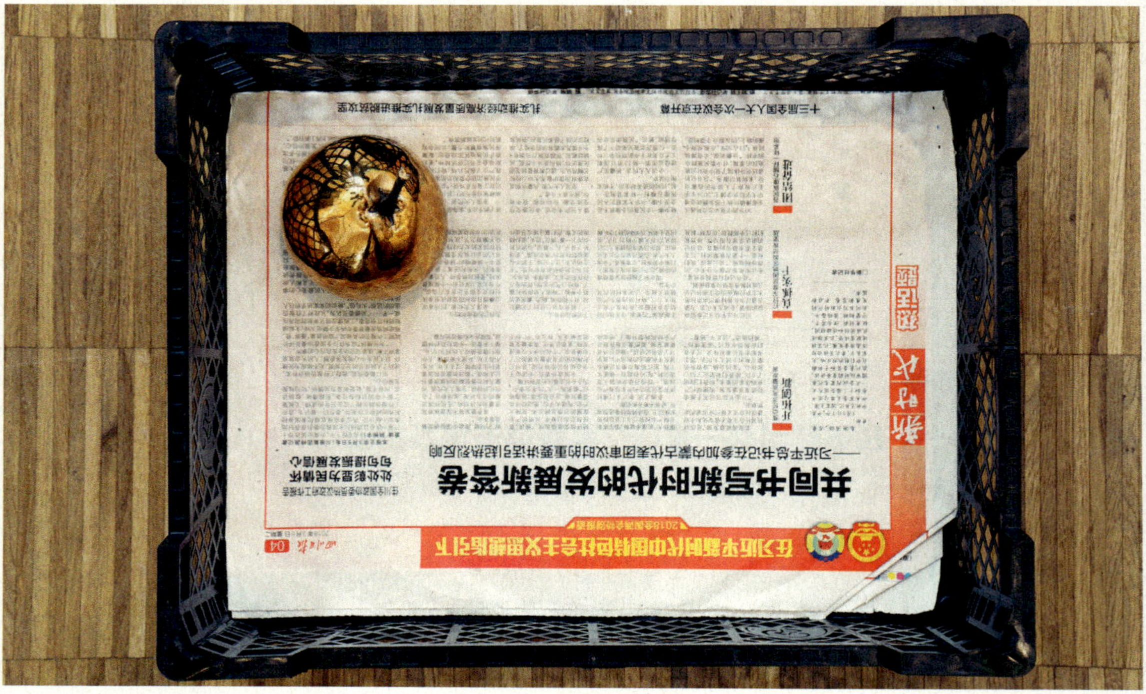

Maximilian Prüfer: *Pear*, 2019

Maximilian Prüfer: *Handpollination*, 2018

Maximilian Prüfer: *Handpollination,* 2018

Biodiversity

Biodiversity is a term from the biological sciences that describes the diversity and variability of life in a specific geographical area. Biodiversity became a political concept when the Convention on Biological Diversity was agreed in 1992. It defined the term as follows: °Biological diversity means the variability among living organisms from all sources including, inter alia, terrestrial, marine and other aquatic ecosystems and the ecological complexes of which they are part; this includes diversity within species, between species, and of ecosystems.°

The Convention on Biological Diversity. In: *CBD*, February 11, 2006. https://www.cbd.int/convention/articles?a=cbd-02 (accessed: February 6, 2025).

examine human interventions in nature and their planetary consequences. But in *Fruits of Labour*, you take more of a representative role by taking on the work of insects, especially bees.

MP Insects pollinate flowers, fight pests, and ensure rich harvests. Their populations have been shrinking dramatically for a long time now, all over the world, which will create problems for both man and nature. Insect extinction is a global issue – and touches me in a special way, as an artist too.

TP Taking insect extinction in Europe as your starting point you travelled to the Szechuan province in China. There's a valley without insects and birds there, and people have to pollinate the fruit trees by hand. You pollinated a single flower on a tree in that valley and later harvested exactly one pear. We see the tools you used for that in the exhibition. *Fruits of Labour* therefore shows how much human effort is required to compensate for the loss of **biodiversity**. How did such a huge extinction of species happen in that valley?

MP One of the causes of this situation is what's known as the sparrow wars, which was carried out under Mao in the late 1950s. Sparrows were suspected of eating the valuable seeds from the fields and causing harvests to fail. An estimated two billion birds were killed in a very short space of time. As a result, maggots, locusts, and worms, whose natural predators were gone now, took over and then actually caused massive crop failures and a devastating famine. Pesticides had to be used to lower the overpopulation of the crop pests. Even today, they are rare in some regions. But conventional agriculture in Europe also uses these pesticides, sometimes on a massive scale. Natural areas are getting smaller and smaller, biodiversity is dwindling rapidly.

TH Insect extinction is indeed a problem, especially in agricultural areas. There aren't as many problems in the forests, in fact there are some positive trends there. But we're also seeing a decline in some insectivorous birds. And generally, when we have less and less biodiversity, outbreaks of pest insects become more common, which are very negative for us, especially in agriculture. However, there's still a lot of disagreement about how big insect decline actually is, because of course we only have isolated sets of data. And scientifically we can't predict how much loss of biodiversity we can tolerate before it creates really big problems for us.

TP Some studies come to very dramatic conclusions.[2] But it's difficult to identify a general German or even global trend from only a few measuring points. You develop models to study the relationships between climate change, biodiversity, and hoWw ecosystems functioned in the past and in possible futures on a local and global level. What's the situation in terms of loss of biodiversity in forests?

TH The highest rates of deforestation are very clearly in the tropics. Certain valuable trees are being cut down and used, and then the rest of the forest is burnt down. In South America mainly for the animal feed industry or directly for grazing animals. Which ultimately means for the consumption of animal products. And in South East Asia palm oil production is a very important factor. And that's horribly sad of course. We're burning millions of hectares of rain forest. And by the way, that also has an effect on the climate, on CO_2 emissions. The CO_2 emissions from the burning rainforests in Brazil alone are on average higher than those of an industrial nation like Germany. And of course, an unbelievable amount of biodiversity gets irretrievably lost there too. I think that's the biggest destruction of habitat we have anywhere in the world at the moment. And by the way, of course it's also driven by consumption in the richer countries: the rain forest is burning in order to export agricultural products to places like the EU or increasingly, to China.

TP You talk about the feeling of grief. The feeling we get when it's too late for warnings and we have to face the fact that there are certain things we can no longer save. Jana, what role does grief or pain play in your artistic work?

JH This feeling, referred to as °solastalgia°[3] by sustainability researcher Glenn Albrecht, is one of dejectedness, frustration, and despair over the loss of a familiar habitat. I started to experience this a few years ago during my

Jana Hartmann: *Die Aussicht ist ja grandios*, seit / since 2020

tatsächlich gewaltige Ernteausfälle und eine verheerende Hungersnot. Pestizide mussten eingesetzt werden, um die Überpopulation der Ernteschädlinge zu senken. Bis heute sind sie in einigen Regionen rar geblieben. Aber auch in Europa setzt die konventionelle Landwirtschaft nach wie vor in teilweise massivem Ausmaß auf diese Mittel. Natürliche Flächen werden immer kleiner, die Artenvielfalt schwindet rasant.

TH Das Insektensterben ist tatsächlich ein Problem, vor allem in der landwirtschaftlichen Fläche. Im Wald gibt es weniger Probleme, teilweise auch positive Tendenzen. Wir sehen aber auch einen Rückgang bei einigen insektenfressenden Vögeln. Und generell ist es so, dass es, wenn wir immer weniger Vielfalt haben, auch eher zu Ausbrüchen von Schadinsekten kommt, die auch für uns sehr negativ sind, vor allem in der Landwirtschaft. Wie groß der Insektenrückgang aber tatsächlich ist, ist durchaus noch umstritten, weil wir natürlich nur punktuelle Daten haben. Und wir können wissenschaftlich nicht vorhersagen, wie viel Artenverlust wir uns leisten können, bevor es auch für uns richtig problematisch wird.

TP Einige Studien kommen zu dramatischen Ergebnissen.[2] Aber es ist schwierig, von einigen Messpunkten auf einen gesamtdeutschen oder gar globalen Trend zu schließen. Sie entwickeln Modelle, um den Zusammenhang zwischen Klimawandel, Biodiversität und Ökosystemfunktionen in der Vergangenheit und in möglichen Zukünften auf lokaler und globaler Ebene zu untersuchen. Wie steht es um den Biodiversitätsverlust in Wäldern?

TH Die größten Entwaldungsraten haben wir ganz klar in den Tropen. Einige wertvolle Gehölze werden gefällt und genutzt und dann wird der restliche Wald abgebrannt. In Südamerika überwiegend für die Futtermittelindustrie oder direkt für Weidetiere. Das heißt, im Endeffekt für den Konsum von tierischen Produkten. Und in Südostasien ist Palmölproduktion ein ganz wichtiger Faktor. Und das ist natürlich unheimlich traurig. Wir verbrennen Millionen von Hektar Regenwald. Das hat übrigens auch einen Effekt auf das Klima, also die CO_2-Emissionen. Allein die CO_2-Emissionen der brennenden Regenwälder in Brasilien sind im Jahr im Schnitt höher als die einer Industrienation wie Deutschland. Und natürlich geht da auch unglaublich

Jana Hartmann: *Die Aussicht ist ja grandios*, seit / since 2020

viel biologische Vielfalt unwiederbringlich verloren. Und das ist, denke ich, momentan global die größte Habitatzerstörung, die wir haben. Und übrigens natürlich auch getrieben durch den Konsum in reicheren Ländern: Der Regenwald brennt für den Export von landwirtschaftlichen Produkten unter anderem in die EU oder auch vermehrt nach China.

TP Sie sprechen ein Gefühl der Trauer an. Dieses Gefühl stellt sich ein, wenn es für Warnungen zu spät ist und wir uns mit dem auseinandersetzen müssen, was wir nicht mehr retten können. Jana, welche Rolle spielt Trauer oder Schmerz in deiner künstlerischen Arbeit?

JH Dieses von dem Nachhaltigkeitsforscher Glenn Albrecht mit °Solastalgie°[3] bezeichnete Gefühl der Niedergeschlagenheit, Frustration und Verzweiflung darüber, dass man einen vertrauten Lebensraum verliert, stellte sich bei mir vor einigen Jahren ein, als ich bei meinen regelmäßigen Streifzügen durch den Naturpark Taunus die stetig zunehmenden Waldschäden bzw. Rodungen wahrnahm. Meine erste intuitive Reaktion war damals der Griff zur Kamera, um das noch Vertraute, aber auch den Wandel festzuhalten. Die Kunst ist in dem Fall auch eine Art Bewältigungsstrategie.

TP In mehreren Arbeiten der bei uns gezeigten Werkserie *the future is present* setzt du Pflanzen in Beziehung zu Technologien. Insbesondere beschäftigst du dich mit **digitalen Zwillingen**. Ist die digitale Verdoppelung eine Möglichkeit, mit dem Verlust der Artenvielfalt umzugehen?

JH Im Zentrum dieser Werke steht die Frage, wie wir Landschaft zukünftig erleben und gestalten wollen. Digitale Landschaftssimulationen werden unter anderem zu Unterhaltungs- und Bildungszwecken programmiert. Über diese aktiv nachzudenken, begann ich, als Freunde in Madrid während der Ausgangssperren im Rahmen der Corona-Pandemie von den wohltuenden Effekten ihrer virtuellen Waldspaziergänge berichteten. Viel komplexere technologische Abbilder von Natur sind die sogenannten digitalen Zwillinge zu Forschungszwecken.
Meine Installation *Virtual Verdure* ist der Versuch, mein zwiespältiges Gefühl gegenüber digitalen Natursimulationen auszudrücken: einerseits die Faszination für

Digitaler Zwilling

Ein digitaler Zwilling ist das digitale Abbild eines materiellen oder immateriellen Objekts aus der physischen Welt in der digitalen Welt. Dabei ist es unerheblich, ob das Gegenstück bereits existiert oder in den Zukünften existieren wird. Mit seiner Hilfe sollen beispielsweise für Forschungszwecke auf der Basis von Sensor- und Satellitendaten ständig aktualisierte Informationen über ein real existierendes Ökosystem gewonnen und entsprechende Simulationen, z.B. von Klimaszenarien, ermöglicht werden.

Blockadia*Tiefsee: *earthbed*, 2023

regular explorations of the Taunus Nature Park, where I observed the steadily increasing forest damage and deforestation. My first intuitive reaction was to reach for my camera, so I could capture both what was still familiar as well as the ongoing change. In this case, art also serves as a form of coping strategy.

TP In several pieces of work that are part of *the future is present* series that we're presenting, you put plants in relation to technologies. You're particularly interested in **digital twins.** Is digital doubling an option for dealing with the loss of biodiversity?

JH At the heart of these works lies the question of how we want to experience and shape landscapes in the future. Digital landscape simulations are programmed for various purposes, including entertainment and education. I first started reflecting on this when friends in Madrid told me about the soothing effects of their virtual forest walks during the lockdowns in the Corona pandemic. Far more complex technological representations of nature are what are known as digital twins, which are being used for research purposes.

My installation *Virtual Verdure* is an attempt to express my ambivalent feelings toward digital nature simulations: on the one hand, the fascination with realistic nature reproductions and their diverse potential applications; on the other hand, the unease that technology might suggest a sense of closeness to nature that may in fact conceal a gradual alienation from it. Thus, it remains to be seen whether virtual landscape models merely serve as a means of symptom management or if they will truly inspire us to develop a more empathetic relationship with our environment.

TP The Pacific Island state of Tuvalu is already in the process of creating a copy of itself in the **metaverse,** to preserve its culture, its political community, and its sovereignty in case of rising sea levels. A digital copy of the reef island of Te Afualiku, which is one of the first islands in Tuvalu to be threatened by flooding, has already been made.[4] People there are acutely threatened by something that we have played a significant part in causing, but whose effects we barely notice. How can we be more empathetic towards other people or other actors belonging to our planetary system, or at least see ourselves in relation to them?

JE The human being is placed at the center in many anthropocentric discourses, which is also very important for questions of justice and responsibility in certain circumstances. At the same time, that goes hand in hand with the modern image of man: man subjugates the rest of the world, it is subject to his will. Then nature becomes a resource, which human beings can use to pursue their desires or for social progress. And in my view never questioning this anthropocentric positioning of human beings is a very Eurocentric phenomenon. In contrast, other post-humanist ideas and socio-material theories posit an interwovenness, a web, which every human is intrinsically part of and can't be conceived of as separate to. When we do research with colleagues from Japan or New Zealand, for example, they have very different concepts for how the human and the non-human are interwoven. For example, something like an idea of friendship, and friendship isn't reserved for the human actors only. This means that futures are not dedicated to human progress alone, but are also linked to the question: How could the web develop further? How can we think about how the connections and web change?

SMW I'd like to add something here and establish the concept of °ecological sculptures° or °planetary sculptures°. We use and refine this concept along our *earthbeds*. They're best understood as a form of working with the variously interwoven webs and interdependencies of our planet. It's about shaking up narratives about community, instead of restricting ourselves in linearity; finding connections instead of promoting separation. For example, etymologically our soil, or more precisely humus, is connected to humility, *humilitas* in Latin. If our artistic work is a network of biomass, we can gradually approach the breath-taking dimensions of matter in space and time: the worm earth existed before us, is with us, and will hopefully stay around longer than us. Even more than that, we will eventually become part of it, part of its fabric.

Digital twin

A digital twin is the digital copy of a material or immaterial object from the physical world in the digital world. It is irrelevant whether its equivalent exists already or will exist in the futures. It can be used, for example, to help to obtain constantly up-to-date information about a real ecosystem for research purposes on the basis of sensor and satellite data, and to create corresponding simulations, for example of climate scenarios.

Metaverse

The metaverse is a concept describing digital spaces created by the interaction of virtual, augmented, and physical reality, which are connected to form a perceived virtual universe. These are supposed to allow us to act as individuals and engage in everyday activities to an extent that is comparable with physical reality. To make a truly immersive metaverse accessible for billions of people in real time, it would require a thousand-fold increase in today's computing power. Experts therefore do not expect this to be possible before 2040.

Raja Koduri: Powering the Metaverse. In: *Intel*, December 14, 2021. https://www.intel.com/content/www/us/en/newsroom/opinion/powering-metaverse.html (accessed: December 19, 2024).

die realitätsnahen Naturnachbildungen und deren vielfältige Nutzungspotenziale, andererseits das Unbehagen darüber, dass mittels Technologie eine Naturnähe suggeriert wird, die möglicherweise über eine schleichende Naturentfremdung hinwegtäuscht. Es bleibt also abzuwarten, ob virtuelle Landschaftsmodelle nur der Symptombekämpfung dienen oder uns tatsächlich zu einem empathischeren Verhältnis zu unserer Mitwelt inspirieren werden.

TP Der pazifische Inselstaat Tuvalu ist bereits dabei, eine Kopie seiner selbst im **Metaversum** zu erstellen, um seine Kultur, seine politische Gemeinschaft und seine Souveränität im Falle eines steigenden Meeresspiegels zu bewahren. Die Riffinsel Te Afualiku, die als eine der ersten in Tuvalu von Überflutung bedroht ist, wurde bereits digital kopiert.[4] Die Menschen dort sind akut von etwas bedroht, das wir hier zwar maßgeblich mitverursachen, dessen Auswirkungen wir aber noch kaum wahrnehmen. Wie können wir empathischer gegenüber anderen Menschen oder anderen Akteuren unseres planetaren Systems werden oder uns zumindest mit ihnen in eine Relation setzen?

JE In vielen Anthropozändiskursen wird der Mensch zentral gestellt, was auch unter Umständen für Fragen der Gerechtigkeit und der Verantwortung sehr wichtig ist. Gleichzeitig geht damit das Menschenbild der Moderne einher: Der Mensch macht sich die Welt untertan, er verfügt über sie. Die Natur wird dann zu einer Ressource, die der Mensch für seine Selbstverwirklichung oder für gesellschaftlichen Fortschritt nutzen kann. Und es ist aus meiner Sicht ein stark eurozentristisches Phänomen, diese anthropozentrische Stellung des Menschen nicht in Frage zu stellen. Andere posthumanistische Verständnisse und soziomaterielle Theorien gehen im Kontrast hierzu etwa von einer Verwobenheit, von einem Geflecht aus, in dem der Mensch mittendrin und nicht getrennt davon zu denken ist. Wenn wir etwa mit Kolleg*innen aus Japan oder aus Neuseeland forschen, haben sie ganz andere Begriffe für die Verwobenheit des Menschlichen mit dem Nichtmenschlichen. Beispielsweise taucht hier so etwas wie Freundschaft auf und Freundschaft ist nicht den menschlichen Akteur*innen vorbehalten. Und dann sind Zukünfte eben nicht allein dem Fortschritt des Menschen gewidmet, sondern

Metaversum

Das Metaversum ist ein Konzept, bei dem digitale Räume durch die Interaktion von virtueller, erweiterter und physischer Realität entstehen, die zu einem wahrgenommenen virtuellen Universum verbunden sind. Diese sollen Individualisierung und alltägliche Aktivitäten in einem der physischen Realität vergleichbaren Ausmaß ermöglichen. Um ein wirklich immersives Metaversum für Milliarden von Menschen in Echtzeit zugänglich zu machen, ist eine tausendfache Steigerung der heutigen Rechenleistung erforderlich. Eine solche Umsetzung wird daher im Allgemeinen nicht vor 2040 erwartet.

Raja Koduri: Powering the Metaverse. In: *Intel*, 14.12.2021. https://www.intel.com/content/www/us/en/newsroom/opinion/powering-metaverse.html (Zugriff am 19.12.2024).

Blockadia*Tiefsee: *Wormery*, 2025

Jana Hartmann: *the future is present: Virtual Verdure*, 2024

Jana Hartmann: *the future is present: Virtual Verdure*, 2024

Cover

The catalog's cover, its pages and packaging are all made of cellulose. This way the material can be fed back into the recycling cycle, since no foil-laminated cover needs to be removed to make recycling possible.

Jana Hartmann: *the future is present: Virtual Verdure*, 2024

1 The quotes from Maximilian Prüfer are taken from: Weltmuseum Wien / Bettina Zorn (eds): *Fruits of Labour. Maximilian Prüfer.* Exhibition catalog. Bielefeld / Berlin: Kerber 2023.

2 Cf. a study by the Krefelder Entomologischer Verein: Caspar A. Hallmann / Martin Sorg / Eelke Jongejans / Henk Siepel et al.: More than 75 Percent Decline over 27 Years in Total Flying Insect Biomass in Protected Areas. In: *PLOS One* 10 (2017), e0185809. https://doi.org/10.1371/journal.pone.0185809 (accessed: January 27, 2025).

3 Cf. Glenn Albrecht: Solastalgia. A New Concept in Health and Identity. In: *PAN. Philosophy Activism Nature* 3 (2005), pp. 41–55.

4 Cf. *Tuvalu. The First Digital Nation,* n.d. https://www.tuvalu.tv/ (accessed: December 12, 2024).

auch mit der Frage verbunden: Wie würde das Gewebe sich eigentlich weiterentwickeln? Wie ist der Wandel von Geflecht und Gewebe zu denken?

SMW Ich möchte hier gerne anknüpfen und den Begriff von °ökologischen Skulpturen° bzw. °planetaren Skulpturen° etablieren. Dieses Konzept pflegen und verfeinern wir entlang unserer *earthbeds*. Sie lassen sich am ehesten als ein Arbeiten mit den vielfältig geknüpften Gewebelagen und Interdependenzen unseres Planeten verstehen. Es geht darum, Erzählungen über Gemeinschaft aufzuwirbeln, statt in Linearität einzuhegen; Verbindungen aufzuspüren, statt Vereinzelung zu propagieren. Etymologisch ist beispielsweise unser Boden, genauer Humus, verwandt mit Demut, *humilitas* im Lateinischen. Wenn unser künstlerisches Arbeiten ein Netz aus Biomasse ist, können wir uns an die atemberaubenden Dimensionen von Materie in Raum und Zeit herantasten: Die Wurm-Erde war vor uns, ist mit uns, wird hoffentlich auch länger bleiben als wir. Vielmehr noch, wir werden in sie, in ihr Gewebe, übergehen.

Cover

Der Umschlag des Katalogs besteht ebenso wie die Seiten und die Verpackung aus Zellstoff. Auf diese Weise kann das Material dem Recyclingkreislauf wieder zugeführt werden, da kein folienlaminierter Einband entfernt werden muss, um ein Recycling zu ermöglichen.

1 Die Zitate von Maximilian Prüfer sind entnommen aus: Weltmuseum Wien / Bettina Zorn (Hrsg.): *Fruits of Labour. Maximilian Prüfer.* Ausstellungskatalog. Bielefeld / Berlin: Kerber 2023.

2 Vgl. die Studie des Krefelder Entomologischen Vereins: Caspar A. Hallmann / Martin Sorg / Eelke Jongejans / Henk Siepel et al.: More than 75 Percent Decline over 27 Years in Total Flying Insect Biomass in Protected Areas. In: *PLOS One* 10 (2017), e0185809. https://doi.org/10.1371/journal.pone.0185809 (Zugriff am 27.01.2025).

3 Vgl. Glenn Albrecht: Solastalgia. A New Concept in Health and Identity. In: *PAN. Philosophy Activism Nature* 3 (2005), S. 41–55.

4 Vgl. *Tuvalu. The First Digital Nation,* o.D. https://www.tuvalu.tv/ (Zugriff am 19.12.2024).

Blockadia*Tiefsee: *Wormery*, 2025

Jana Hartmann: *Die Aussicht ist ja grandios*, seit / since 2020

TP Die Versorgung mit Wasser, einer für das Leben auf der Erde essenziellen Ressource, ist gefährdet. Die globale Erwärmung zeigt sich wohl am deutlichsten am Wasser: Dürren und Überschwemmungen, der Verlust von Gletschern und der Anstieg des Meeresspiegels. Joshua, in deiner Fotoserie *When I Was a Buoyant* setzt du menschliche und nicht-menschliche Akteure, in dem Fall den Ozean, in eine Relation. Und du stellst eine direkte Verbindung von wissenschaftlichen Messdaten zu einer körperlichen Erfahrung her. Verstehst auch du den Menschen als Teil eines Gewebes?

JW Ich möchte den Klimawandel in etwas Körperliches verwandeln, das unter die Haut geht: Das Gefühl des Umhertreibens in einem Ozean, dessen Meeresspiegel steigt und die schwimmende Person ertränken könnte oder auch nicht, je nachdem, ob die symbolische 1,5-Grad-Marke überschritten wird oder nicht. Auf diese Weise versuche ich, unsere individuelle Realität neu einzufassen als eine, die aufs Engste mit dem gesamten planetaren System verbunden ist, selbst wenn dies durch die Subjektivität der Kunst geschieht anstatt auf der empirischen Grundlage der Wissenschaft. Kunst und Wissenschaft sind zwei sich ergänzende

Superflux: *The Seas Are No Longer Dying*, 2022

TP Our supply of water, a resource that's essential for life on Earth, is at risk. Global warming is probably most evident in water: droughts and floods, disappearing glaciers and rising sea levels. Joshua, in your photo series, *When I Was a Buoyant,* you place human and non-human actors, in this case the ocean, in relation to each other. And you make a direct link from scientific measurement data to a physical experience. Do you also see human beings as part of a web?

JW I seek to render, in the literal sense of the term, climate change into something visceral and embodied: the sense of floating in a rising ocean, that may, or may not, drown the person swimming, depending on whether the notional 1.5-degree guardrail is breached, or not. In this way, I am trying to reframe our individual reality as one that is intimately connected to the whole planetary system, even if it does so via the subjectivity of art, rather than the empirical basis of science. Art and science are two complementary practices, which can fruitfully inform one another as interwoven forms of expression. For instance, in relation to the climate crisis, art can develop our sensibility towards the question: What on Earth is going on? Whereas science develops our knowledge °on Earth° itself – such as how does this particular planet, in this particular solar system, behave, from the deep past, to the turbulent present, and into distant futures?

NW In order to stay within 1.5 degrees of global warming, we would have to undertake drastic changes. My colleagues and I believe that we will most likely experience going over 1.5 degrees for a period of time – for a few decades or even longer – and then go back down under that mark again.[1]

PD When thinking about the climate in the future, it's very helpful to draw on the reports of the first IPCC working group from 2021.[2] How the sea levels will develop is of particular interest to me. Until now, we have had a global rise in sea levels of about 20 centimeters since the pre-industrial era. For the future, a further increase strongly depends on how much we still emit from today on. If we don't exceed the 2-degree limit, which hopefully we'll still manage, with today's calculations there's still a large possible range of another 10, 20, up to 30 centimeters until the end of this century. In an emissions scenario that leads us to a 4-degree world, we might be at 80 or 100 centimeters. There is a small chance that we'll have much more catastrophic increases with emissions like that. Then that might trigger what's known as a tipping point.

NW Tipping points are the critical organs of the Earth's system, which are at risk of tipping over due to increasing global warming and, as they are now, disappearing from the Earth. They include, for example, the ice sheet in Greenland, parts of the Antarctic, the rainforest in the Amazon, and the circulation of the Atlantic Ocean, which the Gulf Stream also belongs to.

PD Most climate models don't predict that these tipping points will happen. But there are models that come to that conclusion. It's not a very probable event at the moment. But the possibility is there, if we produce a lot of emissions.

NW The **Holocene** is an epoch that was especially stable. Human beings have previously lived in temperature ranges that were five degrees colder than today or up to two degrees warmer than preindustrial temperatures. That's what's referred to as the °corridor of life°. The Holocene had climate fluctuations of about plus/minus one degree. So a very narrow range within this broader °corridor of life°. This very constant climate history of the last 10,000 to 12,000 years was what enabled human beings to settle, made seasons predictable, allowed humans to practice agriculture and animal husbandry, and thereby establish more complex societies. And again, just for perspective: we're already a little more than one degree over that. That means that in 2024 we already left the Holocene climate behind.

PD Even if we manage to limit greenhouse gases by the year 2100 to an extent that we end up at 2 degrees of global warming, sea levels will

Holocene / Anthropocene
The Holocene is the current epoch of geological history and covers around the last 10,000 to 12,000 years. The term means roughly °the completely new° and was chosen over the term °Present° at the Third Geological Congress in London in 1885. The term °Anthropocene° was coined as the proposed name for a new epoch, in which human beings have become the most important influencing factor on biological, geological, and atmospheric processes on Earth. The proposal was rejected in March 2024 by the International Commission on Stratigraphy.

Cf. International Commission on Stratigraphy: Joint Statement by the IUGS and ICS on the Vote by the ICS Subcommission on Quaternary Stratigraphy. In: *International Commission on Stratigraphy,* n.d. https://stratigraphy.org/news/152 (accessed: December 19, 2024).

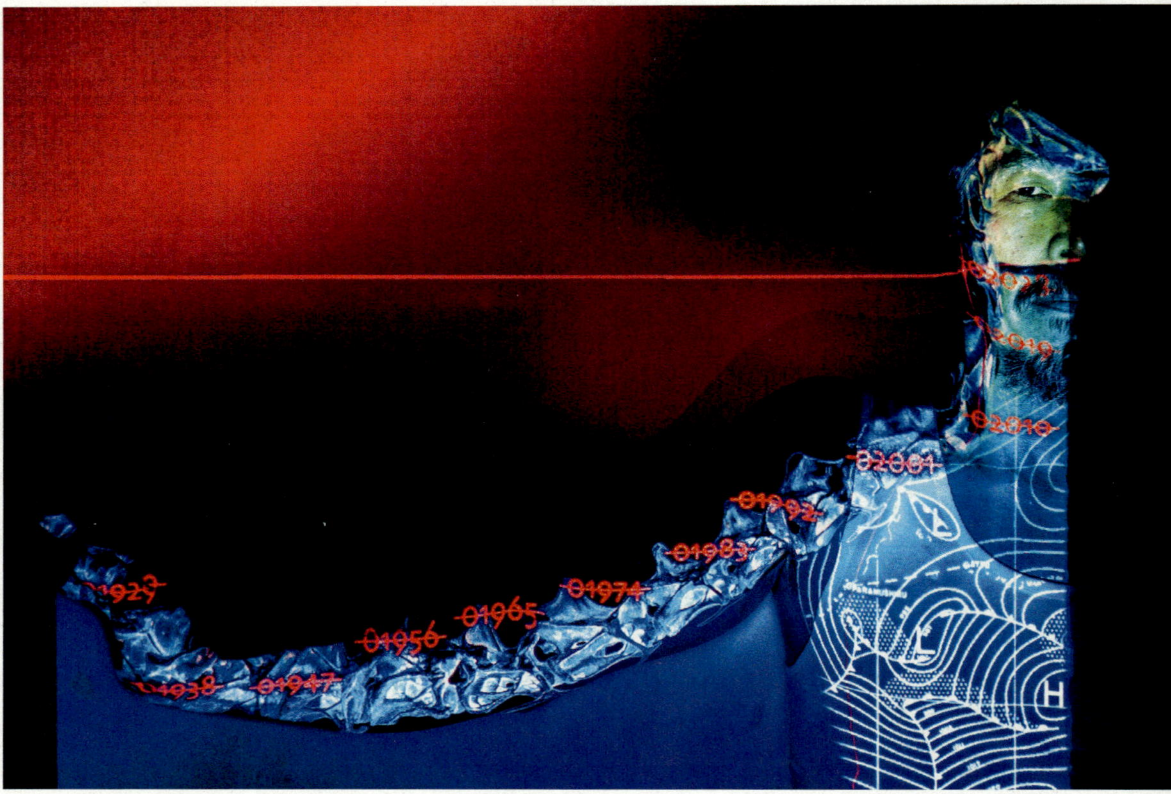

Joshua Wodak: *Akira: >2 and <2 degrees of separation <2028*, 2012

Herangehensweisen, die sich als miteinander verflochtene Ausdrucksmöglichkeiten gegenseitig bereichern können. In Bezug auf die Klimakrise zum Beispiel kann Kunst unsere Wahrnehmungsfähigkeit hin zu der Frage verändern: Was passiert um alles in der Welt? Während die Wissenschaft unser Wissen von °der Welt° selbst weiterentwickelt – zum Beispiel, wie sich dieser spezifische Planet in diesem spezifischen Sonnensystem verhält, und zwar seit der tiefsten Vergangenheit, bis in die turbulente Gegenwart, aber auch in der fernen Zukunft.

NW Um 1,5 Grad globale Erwärmung einzuhalten, müssten wir drastische Änderungen vornehmen. Meine Kolleg*innen und ich gehen davon aus, dass wir mit allerhöchster Wahrscheinlichkeit eine Überschreitung von 1,5 Grad für einige Zeit erleben werden – für einige Jahrzehnte oder sogar länger –, um dann wieder unter diese Marke zurückzukommen.[1]

PD Wenn wir über das Klima in der Zukunft nachdenken, können wir sehr gut auf die Berichte der ersten Arbeitsgruppe des IPCC aus dem Jahr 2021 zurückgreifen.[2] Von besonderem Interesse ist für mich, wie sich der Meeresspiegel entwickeln wird. Bislang haben wir seit der vorindustriellen Zeit einen globalen Meeresspiegelanstieg von etwa 20 Zentimetern. Für die Zukunft hängt der weitere Anstieg stark davon ab, wie viel wir ab heute noch emittieren werden. Wenn wir die 2-Grad-Grenze nicht überschreiten werden, was uns hoffentlich noch gelingt, gibt es von heute aus gerechnet dennoch eine große Spannweite von noch mal 10, 20 bis zu 30 Zentimetern bis zum Ende dieses Jahrhunderts. Bei einem Emissionsszenario, das uns zu einer 4-Grad-Welt führt, sind wir vielleicht bei 80 oder 100 Zentimetern. Es gibt die geringe Chance, dass wir bei solchen Emissionen weit katastrophalere Anstiege haben. Da wird nämlich dann eventuell ein sogenannter Kipppunkt getriggert.

NW Kippunkte sind kritische Organe des Erdsystems, die durch die ansteigende globale Erwärmung in Gefahr geraten, umzukippen und so, wie sie jetzt sind, von der Erde zu verschwinden. Das sind z.B. das Eisschild auf Grönland, Teile der

Digitalität

Digitale Kommunikation ist keineswegs umweltfreundlicher als Print, da sie einen hohen Energiebedarf durch Server und Endgeräte und den Einsatz nichtnachwachsender Rohstoffe für die IT-Geräte erfordert. Der Verzicht auf einen Katalog, den wir durchaus diskutiert haben, würde bedeuten, dass die Diskurse der Ausstellung, die ein nur temporär verfügbares Medium ist, mit ihrem Ende nicht mehr verfügbar sind. Eine kleine, verantwortliche Auflage in Kombination mit einem E-Book erscheint uns daher als der nachhaltigste Kompromiss zwischen Rohstoffverbrauch und Sicherung der Inhalte.

Digitalization

Digital communication is certainly not more environmentally friendly than printed materials, since it requires a large amount of energy for servers and end devices, and the use of non-renewable resources for the IT hardware. Not having a catalog at all, which we did discuss, would mean that the discourses in the exhibition, which is only a temporary medium, would no longer be available once it has ended. A small, responsible print run combined with an e-book therefore seemed to us to be themost sustainable compromise between using resources and preserving the ideas.

continue to rise for centuries and millennia. I think this crisis is fundamentally hard to grasp. But Joshua Wodak's approach, making it comprehensible through sea levels, is easier to understand for most people, even if they don't live near the sea. I think it would be very nice if we could visualize future developments in a similar form and then really make these long periods of time clear.

TP Joshua, you wrote about how a non-intentional experiment with the biosphere is being carried out in the **Anthropocene**. An experiment has a structure and an initially open outcome. But it also generates data that is interpreted. What reliable data do you all deal with as artists and as scientists? What role do uncertainty and speculation play for you?

JW That's an excellent question! Uncertainty, non-measurability, and speculation play a big role for me – partly because my work is trying to engage with planetary-scale phenomena, at planetary-scales of time, which of course can show just how narrow human-centered scales tend to be. And, with such unfathomable scales comes an embracing of the uncertain and the non-measurable: neither science nor art could, or should, seek to reduce such phenomena merely to known knowns.

MF Speculation is a technique that climbing plants use too, when they search for something to support them in the air with their tendrils, their brains. There are a large number of options, 80% of them seem ridiculous or wrong turns, but the few that do hit the mark make a qualitative difference. In the history of ideas, that's the inventions or, for example, coincidences during experiments.

JA We speculate to explore possibilities, and we explore the real in order to give meaning to those possibilities. Wild speculation, without understanding the world and how things happen in it, holds no power. It doesn't teach us anything, and it doesn't tell us what's possible. To see the world as it is, beyond social convention and cultural narratives, is more useful than idle speculation, but it's unlikely to get us somewhere new. We need to combine both the real and the

Antarktis, der Regenwald am Amazonas sowie die atlantische Ozean-Zirkulation, zu der auch der Golfstrom gehört.

PD Die meisten Klima-Modelle rechnen nicht damit, dass diese Kipppunkte eintreten. Aber es gibt Modelle, die zu so einem Ergebnis kommen. Das wäre ein Ereignis, das im Moment eine geringe Wahrscheinlichkeit hat. Aber die Wahrscheinlichkeit ist eben da, wenn wir sehr viel emittieren.

NW Das **Holozän** ist ein Zeitalter, das besonders stabil war. Der Mensch hat bisher in Temperaturbereichen gelebt, die fünf Grad kälter waren als heute oder bis zu zwei Grad wärmer waren als vorindustrielle Temperaturen. Das ist der sogenannte °Corridor of Life°. Das Holozän hatte Klimaschwankungen von etwa plus/minus 1 Grad. Also ein sehr dünnes Band innerhalb dieses größeren °Corridor of Life°. Diese sehr konstante Klimageschichte der letzten 10.000 bis 12.000 Jahre hat es erst ermöglicht, dass Menschen sesshaft geworden sind, dass Saisonalität vorhersagbar war, dass man Ackerbau und Viehzucht betreiben und dadurch komplexere Gesellschaften aufbauen konnte. Und noch mal zur Einordnung: Wir sind jetzt schon etwas mehr als ein Grad darüber. Das heißt, das Klima des Holozäns haben wir 2024 bereits verlassen.

PD Selbst wenn es uns gelingt, bis zum Jahr 2100 die Treibhausgase so zu limitieren, dass wir bei 2 Grad globaler Erwärmung landen, wird der Meeresspiegel noch über Jahrhunderte und Jahrtausende ansteigen. Ich denke, grundsätzlich ist diese Krise schwer zu begreifen. Aber der Ansatz Joshua Wodaks, es über den Meeresspiegel begreifbar zu machen, ist für viele Menschen, auch wenn sie nicht am Meer leben, nachvollziehbar. Ich denke, das wäre sehr schön, wenn man die zukünftige Entwicklung in ähnlicher Form visualisieren könnte und dann eben auch wirklich diese langen Zeitperioden klarmacht.

TP Joshua, du hast darüber geschrieben, wie im **Anthropozän** ein unbeabsichtigtes Experiment mit der Biosphäre durchgeführt wird. Ein Experiment hat eine Struktur und ein anfangs offenes Ergebnis. Aber es erzeugt auch Daten, die ausgewertet werden. Mit welchen verlässlichen Daten beschäftigt ihr alle euch als Künstler*innen und Wissenschaftler*innen? Welche Rolle spielen Ungewissheit und Spekulation für euch?

JW Das ist eine sehr gute Frage! Unsicherheit, Unmessbarkeit und Spekulation spielen eine große Rolle für mich – unter anderem, weil sich meine Arbeit mit Phänomenen von planetarem Ausmaß beschäftigt, zu planetaren Zeitlichkeiten, was natürlich zeigen kann, wie eng gefasst menschenzentrierte Dimensionen zumeist eigentlich sind. Und bei solch unvorstellbaren Dimensionen muss man sich mit Unsicherheit und Unmessbarkeit anfreunden: Weder die Wissenschaft noch die Kunst könnte, oder sollte, versuchen, solche Phänomene lediglich auf bereits Bekanntes und Vorstellbares herunterzubrechen.

MF Das Spekulative ist eine Technik, die auch Kletterpflanzen anwenden, wenn sie in der Luft mit ihren Ranken, ihrem Gehirn, nach Halt suchen. Es gibt eine Vielzahl von Möglichkeiten, 80% davon scheinen Unsinn oder Irrwege zu sein, aber die wenigen Treffer machen einen qualitativen Unterschied. In der Ideengeschichte sind das Erfindungen oder beispielsweise Zufälle beim Experimentieren.

JA Wir spekulieren, um Möglichkeiten auszuloten, und wir erkunden die Wirklichkeit, um diesen Möglichkeiten eine Bedeutung zu geben. Wildes Spekulieren, das nicht darauf beruht, die Welt und wie die Dinge in ihr ablaufen, zu verstehen, bringt uns nicht voran. Es bringt uns keine Erkenntnis und es sagt uns nicht, was möglich sein könnte. Die Welt so zu sehen, wie sie ist, jenseits von gesellschaftlichen Konventionen und kulturellen Narrativen, ist hilfreicher als reine Spekulation, bringt uns wahrscheinlich aber auch nicht weiter. Wir müssen die Wirklichkeit und das Imaginäre verbinden, um nützliche und überzeugende Ergebnisse zu erhalten, Ergebnisse, die helfen, uns dahin zu bringen, wo wir hinwollen.

TP Eurer spekulatives Werk *The Seas Are No Longer Dying* entwirft ein Szenario in etwa 30 Jahren, in dem die Umsetzung von neuen Regularien, Protokollen und Technologien eine blühende Algenindustrie hervorgebracht hat.

Holozän / Anthropozän

Das Holozän ist der gegenwärtige Abschnitt der Erdgeschichte und umfasst etwa die letzten 10.000 bis 12.000 Jahre. Der Begriff bedeutet sinngemäß °das ganz Neue° und setzte sich auf dem Dritten Geologischen Kongress in London 1885 gegen den Begriff Present (°Gegenwart°) durch. Der Begriff Anthropozän entstand als Vorschlag für die Benennung einer neuen Epoche, als das Zeitalter, in dem der Mensch zum wichtigsten Einflussfaktor auf die biologischen, geologischen und atmosphärischen Prozesse auf der Erde geworden ist. Dieser Vorschlag wurde im März 2024 von der Internationalen Kommission für Stratigraphie abgelehnt.

———

Vgl. International Commission on Stratigraphy: Joint Statement by the IUGS and ICS on the Vote by the ICS Subcommission on Quaternary Stratigraphy. In: *International Commission on Stratigraphy*, o.D. https://stratigraphy.org/news/152 (Zugriff am 19.12.2024).

Baltic Raw Org: *ARAPOLIS, climate, displacement, gambling*, 2021

Superflux: *The Seas Are No Longer Dying*, 2022

JA Dieses Projekt wurde von Forschungen der Global Seaweed Coalition inspiriert, einer weltweiten Partnerschaft aus dem UN-Netzwerk Global Compact (UNGC), dem Forschungsinstitut CNRS Biologique de Roscoff und der Stiftung Lloyd's Register Foundation, die sich dafür einsetzt, die sichere und erfolgreiche Ausweitung der wachsenden Algenindustrie zu überwachen. Algen sind eine

imaginary to produce work that's both useful and compelling, work that helps move us towards where we want to go.

TP Your speculative work, *The Seas Are No Longer Dying,* imagines a scenario approximately 30 years from now, where the implementation of new regulations, protocols, and technologies have created a flourishing seaweed industry.

Baltic Raw Org: *ARAPOLIS, climate, displacement, gambling*, 2021

kostbare, zu wenig beachtete und aktuell zu wenig eingesetzte Ressource. Sie sind leicht anzubauen, vielseitig einsetzbar, sehr nährstoffreich und extrem bereichernd für die Ökosysteme der Meere. Unser Werk beginnt weit über dem Meeresspiegel, um einen Einblick in eine große Gemeinschaft aus Algenzüchter*innen, Technolog*innen und Pionier*innen zu geben, und taucht dann unter die Wasseroberfläche ab, wo die gewundenen Bänder des Seetangs wuchern, so weit das Auge reicht. In dieser zukünftigen Welt, in der Algen behutsam aufgezogen und kreativ eingesetzt werden, entstehen die unterschiedlichsten architektonischen, technologischen, kulturellen, kulinarischen und beruflichen Möglichkeiten.

TP Ich muss an einen Satz aus eurem Film denken: °Heute sieht die Zukunft besser aus.° Er eröffnet eine hoffnungsvollere Perspektive. Er wurde zuerst als Teil eurer Ausstellung *SAFE. A Collection of Works Exploring Safer Futures* gezeigt. Dabei habt ihr zehn Projekte vorgestellt, die ihr in Auseinandersetzung mit zehn Forschungsprojekten, die auf realen Testfällen und Entwicklungen in naher Zukunft basieren, geschaffen habt. Mit einem besonderen Fokus darauf, wie wir die Welt zu einem sichereren Ort machen können. Welche Gründe seht ihr, der Zukunft mit Hoffnung oder sogar Freude entgegenzublicken?

JA Die Tatsache, dass wir heute so besorgt um die Zukunft sind, ist ein Anzeichen für ein steigendes ökologisches Bewusstsein in der Bevölkerung. Die Probleme extremer Wetterereignisse und globaler Konflikte haben uns schon lange begleitet, aber erst seit Kurzem fangen wir an, sie als bedeutsam für die Prekarität der Zukunft wahrzunehmen. Nur wenn wir die Probleme, vor denen wir stehen, anerkannt und entschieden haben, was wir gegen sie unternehmen, können wir ins Handeln kommen, und darin liegt die Hoffnung. Wenn wir uns in eine hoffnungs-vollere Zukunft begeben wollen, dürfen wir nicht nur die Schwierigkeiten sehen: Wir müssen auch damit anfangen, Visionen davon, wie hoffnungsvollere Zukünfte aussehen könnten, entstehen zu lassen. Wir brauchen Polarsterne, an denen wir uns

Baltic Raw Org: *ARAPOLIS, climate, displacement, gambling,* 2021

JA This project was inspired by research conducted by the Global Seaweed Coalition, a global partnership between the United Nations Global Compact (UNGC), CNRS Biologique de Roscoff, and Lloyd's Register Foundation working to oversee the safe and successful scaling up of the growing seaweed industry. Seaweed is a valuable, under-acknowledged, and presently underused resource. It is easy to grow, highly versatile, highly nutritious, and extremely beneficial to ocean ecosystems. Beginning high above sea-level to survey a vast community of seaweed growers, technologists, and innovators, our work plunges beneath the water surface where spiraling ribbons of kelp proliferate as far as the eye can see. In this future world where seaweed is carefully nurtured and creatively applied, all kinds of architectural, technological, cultural, culinary, and occupational opportunities emerge.

TP I'm thinking of a phrase from your film: °Today the future looks brighter.° It opens up a more hopeful perspective. It was first shown as part of your exhibition *SAFE. A Collection of Works Exploring Safer Futures.* There you presented ten projects created in response to ten research projects, rooted in real-world test cases and near-future trends. With a particular focus on how we can

orientieren können, ebenso wie Leuchttürme, die uns vor potenziellen Gefahren warnen.

TP Gibt es irgendwelche technologischen Lösungen, die uns eine gerechtere und sicherere Zukunft bringen können? Welche Wege müssen wir jenseits von Zukunftstechnologien gehen?

JA So wie wir das sehen, liegt die größte °Lösung° für eine gerechtere und sicherere Zukunft im Verändern der Art und Weise, wie wir Ökosysteme wahrnehmen und uns ihnen gegenüber verhalten. Jede wirkliche Veränderung kommt daher, die Welt anders zu betrachten, und wenn wir das nicht lernen, werden wir weiter dieselben Fehler machen.

Druckerei

Für den Druck der Publikation wurde die Firma Uhl-Media GmbH beauftragt, die lokal in Bad Grönenbach produziert und Ökostrom nutzt.

1 Vgl. Nico Wunderling / Ricarda Winkelmann / Johan Rockström / Sina Loriani et al.: Global Warming Overshoots Increase Risk of Climate Tipping Cascades in a Network Model. In: *Nature Climate Change* 13 (2023), S. 75–82; Overshooting 1.5°C Is Fast Becoming Inevitable. Minimising the Magnitude and Duration of Overshoot Is Essential. In: *10 New Insights in Climate Science,* 2023. https://10insightsclimate.science/year-2023/1-overshooting-fast-becoming-inevitable/ (Zugriff am 19.01.2025).

2 Vgl. IPCC, Zwischenstaatlicher Ausschuss für Klimaänderungen: Klimawandel 2022. Folgen, Anpassung und Verwundbarkeit. Zusammenfassung für die politische Entscheidungsfindung. In: *Deutsche IPCC-Koordinierungsstelle,* 2022. https://www.de-ipcc.de/media/content/AR6-WGII-SPM_deutsch_barrierefrei.pdf (Zugriff am 19.12.2024).

Printer

We hired the company Uhl-Media GmbH to print this publication. It produces locally in Bad Grönenbach and uses green energy.

make the world a safer place. What reasons do you see for looking to the future with hope or even joy?

JA The fact that we're so worried about the future today is a sign of a rising ecological awareness within the population. The problems of extreme weather events and global conflicts have been with us for a long time, but it's only recently that we're starting to think of them as significant in influencing the future's precarity. It's only once we've acknowledged the problems we face and decided what to do about them that we're able to act, and that's where hope comes in. If we are to move towards a more hopeful future, we need to not only see the challenges: we also need to start manifesting visions of what hopeful futures might look like. We need North Stars to navigate towards, as well as lighthouses that warn of potential dangers to be avoided.

TP Are there any technological solutions that will give us a fairer and safer future? What paths do we need to take beyond the technologies for the future?

JA As we see it, the biggest °solution° to a fairer and safer future is changing the way we see and relate to ecological systems. All real change stems from seeing the world differently, and if we don't learn to do so, we will continue making the same mistakes.

1 Cf. Nico Wunderling / Ricarda Winkelmann / Johan Rockström / Sina Loriani et al.: Global Warming Overshoots Increase Risk of Climate Tipping Cascades in a Network Model. In: *Nature Climate Change* 13 (2023), pp. 75–82; Overshooting 1.5°C Is Fast Becoming Inevitable. Minimising the Magnitude and Duration of Overshoot Is Essential. In: *10 New Insights in Climate Science*, 2023. https://10insightsclimate.science/year-2023/1-overshooting-fast-becoming-inevitable/ (accessed: January 19, 2025).

2 Cf. IPCC, Zwischenstaatlicher Ausschuss für Klimaänderungen: Klimawandel 2022. Folgen, Anpassung und Verwundbarkeit. Zusammenfassung für die politische Entscheidungsfindung. In: *Deutsche IPCC-Koordinierungsstelle*, 2022. https://www.de-ipcc.de/media/content/AR6-WGII-SPM_deutsch_barrierefrei.pdf (accessed: December 19, 2024).

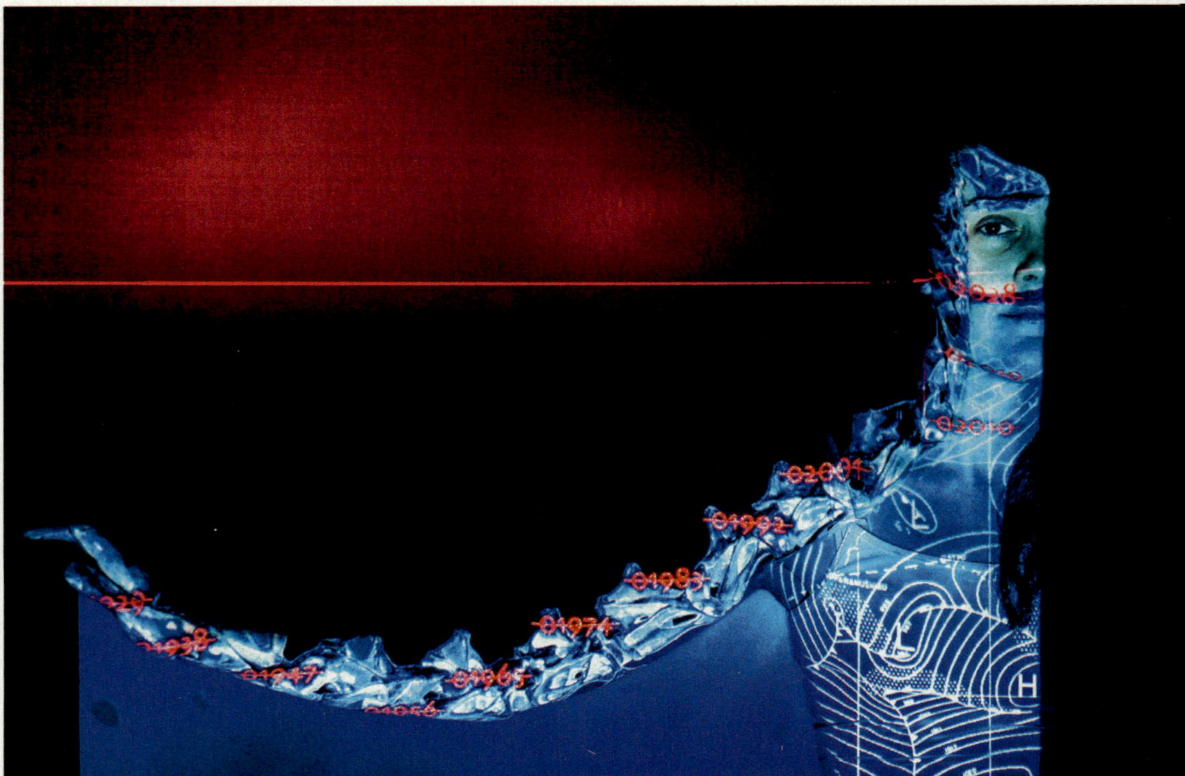

Joshua Wodak: *Moira: >2* and *<2 degrees of separation <2028*, 2012

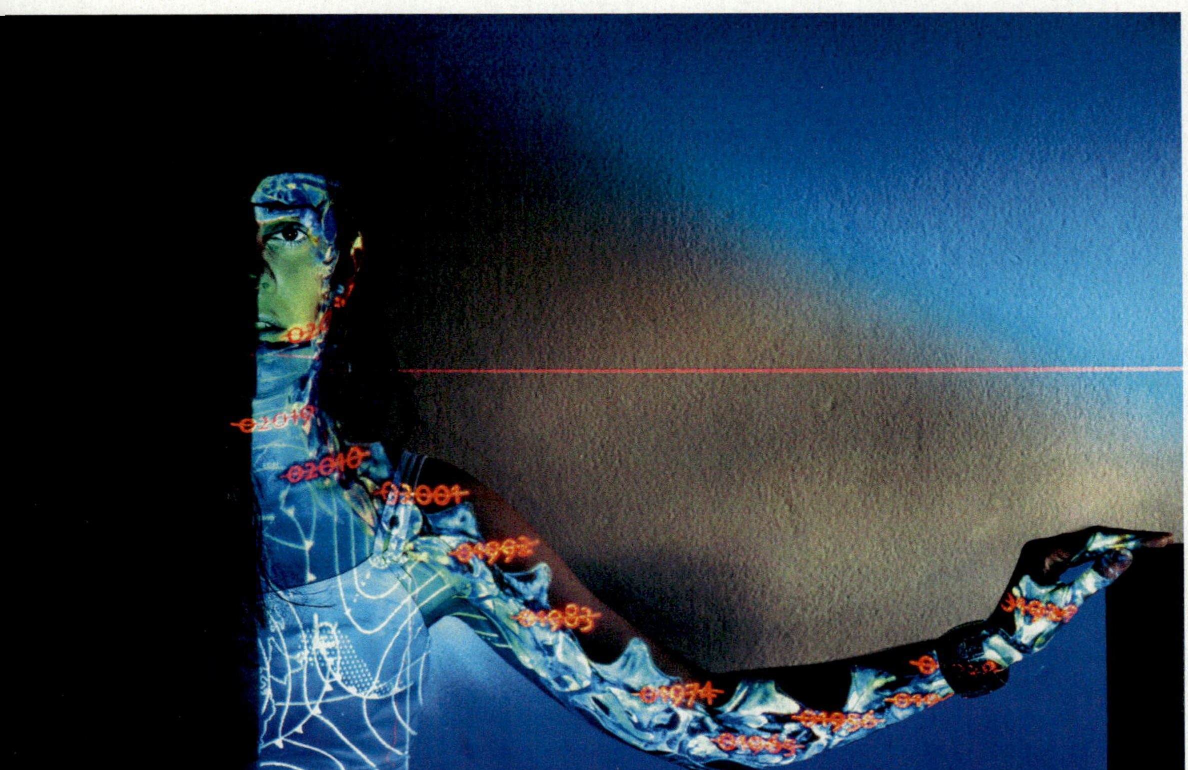
02010
02001
01983
01974

Geoengineering: Können uns Technologien retten? *Ina Neddermeyer, Julia Schubert, Colin Lyons, Móka Farkas (Baltic Raw Org), Oliver Ressler, Thomas Hickler, Gwenola Wagon, Nina Fischer, Maroan el Sani*

IN Die globale Erderwärmung konfrontiert Gesellschaften weltweit auf dramatische Weise mit ihren Zukünften. Auffällig ist dabei, dass man sich bei der Vorstellung möglicher Zukünfte zunehmend auf technologische Lösungen verlässt, um die Probleme zu bewältigen. Im Gespräch mit Wissenschaftler*innen und Künstler*innen reflektieren wir diese Maßnahmen der Klima- und Wettermodifikation und ihre historischen Entwicklungen kritisch. Dazu gehören hochspekulative Versuche, den Klimawandel etwa durch Geoengineering technisch zu kontrollieren. Was ist Geoengineering und welche Idee der Kontrolle steht dahinter?

JS Geoengineering ist ein Sammelbegriff für eine ganze Reihe unterschiedlicher Technologien, mit denen in geophysische Prozesse eingegriffen werden soll. Das Ziel ist, dadurch das globale Klima zu beeinflussen, zu gestalten oder gar zu kontrollieren. Das soll etwa erreicht werden, indem man große Mengen an CO_2 aus der Atmosphäre zieht und unterirdisch verpresst. Die Rede ist von Carbon Dioxide Removal – oder kurz CDR. Ein anderer Ansatz ist, Aerosole in der Stratosphäre zu platzieren, um so einen Teil des eintreffenden Sonnenlichts wieder ins All zu reflektieren. Das ist die SAI – Stratospheric Aerosol Injection.
Diese technisch sehr unterschiedlichen Ansätze verbindet ihre klimapolitische Logik, die bemerkenswert ist: Im Gegensatz zu herkömmlichen Maßnahmen des Klimaschutzes und der Anpassung zielt Geoengineering nicht auf die sozialen, sondern auf die physikalischen Prinzipien des Klimawandels. Es geht also weder darum, die gesellschaftlichen Treiber und Mechanismen kontinuierlich steigender Treibhausgasemissionen zu adressieren noch die gesellschaftlichen Lebensräume besser gegen die Folgen des Klimawandels zu wappnen. Stattdessen richtet sich Geoengineering auf die politische Gestaltung und Kontrolle geophysischer Prozesse. Das Klima soll gewissermaßen unmittelbar regiert werden.

IN Warum beschäftigst du dich in deiner künstlerischen Arbeit mit Geoengineering?

CL Ich stelle zunächst eine vielleicht absurd klingende Frage: Wie würden unsere Geoengineering-Technologien aussehen, wenn sie von Alchemist*innen entworfen worden wären? Aber um noch weiter zu gehen: Gehen die Bestrebungen von Geoingenieur*innen, die mit ihren radikalen Klimalösungen versuchen, natürliche Prozesse der Kohlenstoffreduzierung mit höchst invasiven Mitteln nachzuahmen, zu beschleunigen oder zu verstärken, bereits in die Richtung einer alchemistischen Elementumwandlung von planetarem Ausmaß?
Im Kern geht es dem Feld des Climate Engineering um die gezielte, großangelegte Manipulation von Umweltprozessen, die das Klima auf der Erde beeinflussen, um den Folgen des Klimawandels entgegenzusteuern. Geoengineering erkennt sowohl die unmittelbare ökologische Bedrohung an, vor der wir stehen, als auch die Wahrscheinlichkeit, dass die Gesellschaft es nicht schaffen wird, rechtzeitig notwendige Anpassungen vorzunehmen. Diese Strategien bilden einen dystopischen Notfallplan, der zusammen mit Bemühungen zur Emissionsminderung darauf zielt, unser Ökosystem mehr oder weniger in seiner jetzigen Form zu bewahren.
In vielerlei Hinsicht kann die Alchemie als entfernte Vorläuferin des entstehenden Felds des Geoengineering gesehen werden: ein organisiertes Glaubenssystem, das den menschlichen Eingriff in die Landschaft rechtfertigte, um natürliche Prozesse zu beschleunigen. Dies war eine spirituelle Praxis, in der es nicht nur um die Herstellung von Gold ging, sondern auch ganz grundlegend darum, die natürliche Welt zu verstehen, um Gottes Werk der Elementumwandlung künstlich nachzuahmen und zu beschleunigen. In ihrem Streben nach der Transformation von Ausgangsmaterialien zielten Alchemist*innen auf eine Umwandlung hin zu einem reineren, göttlicheren Zustand. Dieses utopische System war tief mit Unsterblichkeit

Format
Bei der Wahl des Formats müssen unterschiedliche Ansprüche berücksichtigt werden: Es soll groß genug sein, um repräsentative Abbildungen der Werke zu ermöglichen, aber auch angenehm in der Hand liegen. Wir wollten kein Coffee Table Book produzieren, sondern eines, das gelesen werden kann und auch gelesen wird. Die Größe von 165 × 240 mm ist darüber hinaus die optimale Formatwahl, da sie die Anzahl der auf einen Bogen gedruckten Seiten maximiert und gleichzeitig den Schnittabfall minimiert. Das ideale Format variiert jedoch je nach Druckerei und den verwendeten Bögen sowie den Eigenschaften der Druckmaschine.

Geoengineering: Can Technologies Save Us? *Ina Neddermeyer, Julia Schubert, Colin Lyons, Móka Farkas (Baltic Raw Org), Oliver Ressler, Thomas Hickler, Gwenola Wagon, Nina Fischer, Maroan el Sani*

Format

When choosing the format, we had to consider various requirements: it had to be big enough in order to represent the artworks in images properly, but also had to be comfortable to hold in your hands. We did not want to produce a coffee table book, but one that is easy to read and also is read. Another reason that the 165 × 240 mm size is the best choice of format is that it maximizes the number of pages that can be printed on one sheet, while at the same time minimizing cutting waste. However, the ideal format varies depending on the printing company, the sheet size they use and the characteristics of the printing press.

IN Global warming confronts societies around the world with their futures in a dramatic way. What's striking is that when people imagine possible futures, more and more often they think of technological solutions as a way to deal with these problems. In our conversations with scientists and artists, we take a critical view of these attempts to modify the climate and the weather, and their historical development. These include highly speculative attempts to control climate change with technology through geoengineering. What is geoengineering and what idea of control is behind it?

JS Geoengineering is a general term for the use of various different technologies to intervene in geophysical processes. The aim is to use it to influence, design, or even control the world's climate. This is to be achieved, for example, by stripping large amounts of CO_2 from the atmosphere and injecting it into the ground. They call this Carbon Dioxide Removal – or CDR for short. Another approach is to put aerosols into the stratosphere, so some of the incoming sunlight can be reflected back out into space. This is SAI – stratospheric aerosol injection. These technically very different approaches follow the same political logic regarding the climate, which is striking: unlike conventional methods of climate protection and adaptation, geoengineering doesn't target the social principles of climate change, but the physical ones. So it's not about addressing the social causes and mechanisms of continuously rising greenhouse gas emissions, nor better equipping social living environments to face the consequences of climate change. Instead, geoengineering is aimed at politically shaping and controlling geophysical processes. To a certain extent, they also want to govern the climate.

IN Why do you deal with geoengineering in your artistic work?

CL I pose what may seem an absurd question at first: What might our climate engineering technologies look like if they were designed by alchemists? But going further than that: are the aspirations of geoengineers, whose radical climate

Nina Fischer & Maroan el Sani: *Metakosmia*, 2024

Oliver Ressler: *Carbon and Captivity*, 2020

verbunden, eben jenem Konzept, das dem Geoengineering zugrunde liegt. Aber die Vorstellung, dass wir im fragilen Gleichwicht des strategischen Freisetzens von Chemikalien Erlösung finden könnten, ist genauso unglaubwürdig wie einst die Suche nach dem Stein der Weisen.
Ich entwickle spekulative Klimaprototypen, die sich an der praktischen Alchemie wie auch an gegenwärtigen Geoengineering-Modellen orientieren, und schlage Rituale vor, die das Sakrale und das Wissenschaftliche verbinden, um zu hinterfragen, welcher Art von Natur wir hoffen uns in einer auf Technologie basierenden Zukunftslösung anzunähern. Wir alle kennen die Unsinnigkeit der Alchemie in ihren grundlegenden Zielen und man kann sich zahlreiche Wege ausmalen, auf denen

solutions seek to mimic, accelerate, or amplify natural processes of carbon reduction using highly invasive means, already verging on a kind of planetary-scale alchemical transmutation?

At its core, the field of climate engineering proposes the deliberate large-scale manipulation of environmental processes that affect the earth's climate to counteract the effects of climate change. Geoengineering acknowledges both the imminent ecological threat that we face and the likelihood that society will fail to make necessary adjustments in time. These strategies form a dystopian contingency plan which, employed alongside mitigation efforts, strive to preserve a close approximation of our present ecosystem.

Geoengineering ein ähnlich katastrophales Schicksal ereilen könnte. Aber, um mit einem optimistischeren Gedanken zu enden, die Alchemie hat uns, trotz ihrer offensichtlichen Leerstellen, auf viele ungeahnte Weisen vorangebracht – vor allem, indem sie Grundlagen für die moderne Chemie geschaffen hat, aber auch indem sie zu Durchbrüchen im Destillieren, in der Metallurgie und Medizin, bei Pigmenten, Laborutensilien und Glasgeräten geführt hat.

IN Was sind die politischen Voraussetzungen für Geoengineering?

JS Zunächst ist es wichtig zu betonen, dass Geoengineering für die Politik schon ganz prinzipiell attraktiv ist – völlig unabhängig vom ideologischen Kontext oder von parteipolitischen Zugehörigkeiten. Denn Geoengineering verspricht, politische Handlungsspielräume zu erweitern und auszubauen. Darum sind diese Maßnahmen über die Jahre hinweg auch in ganz unterschiedlichen Kontexten politisch relevant geworden. Geoengineering ist keinesfalls erst als Antwort auf die Klimakrise entstanden. Die Geschichte reicht viel weiter zurück. Konkret stand das, was wir heute als Geoengineering bezeichnen, schon in den 1960er Jahren ganz weit oben auf der politischen Agenda. Damals war die sogenannte Wetter- und Klimamodifikation ein wichtiges forschungspolitisches Motiv im Kalten Krieg. Die USA hatten ein starkes militärisches und nationalstrategisches Interesse daran, Forschung zu gezielter Wetter- und Klimamodifikation zu fördern. Man erhoffte sich davon einen Vorteil gegenüber der Sowjetunion, die – und das dürfte kaum überraschen – ebenfalls in diesen Bereich investierte.

Für die Klimaforschung war diese Situation eine Chance. Das Feld der Klimaforschung war erst in der Entstehung begriffen und nach dem Ende des Zweiten Weltkriegs um fortlaufende Förderung bemüht. Ein politisches Problembewusstsein für den Klimawandel gab es nicht. Man musste also begründen, warum man Förderung verdiente. Das geostrategische Interesse an Wetter- und Klimamodifikation erschien in diesem Kontext als Gelegenheit. Schon hier sieht man eine wiederkehrende Paradoxie: Obwohl viele Wissenschaftler*innen der Möglichkeit gezielter Wetter- und Klimamodifikation sehr skeptisch gegenüberstanden, nutzten sie das politische Interesse, um für die Relevanz klimawissenschaftlicher Grundlagenforschung zu werben. Das Argument lässt sich so zuspitzen: Wenn wir den menschlichen Einfluss auf das Klima besser verstehen, dann lassen sich vielleicht auch Möglichkeiten finden, dieses Verständnis für die gezielte Modifikation von Wetter und Klima einzusetzen.

IN Woher kommt das gestiegene Interesse an Geoengineering in den letzten 15 Jahren?

JS Die beachtliche Konjunktur von Geoengineering hat mit unserer widersprüchlichen klimapolitischen Situation zu tun. Auf der einen Seite wissen wir scheinbar unheimlich viel und immer mehr über den Klimawandel. Aktuelle Klimapolitik ist durch zunehmend detailliertes und komplexes wissenschaftliches Wissen geprägt, das in ein elaboriertes klimapolitisches Instrumentarium überführt wird. Durch quantifizierte Temperaturgrenzen, Carbon Budgets oder Climate Deadlines wird das Problem des Klimawandels nicht nur vermessen, sondern scheinbar auch besser handhabbar gemacht. Dem gegenüber steht das Scheitern aktueller Klimapolitik in einem fundamentalen Sinn, der wissenschaftlich aber vollkommen trivial ist. Globale Emissionen steigen kontinuierlich an, Erdölkonzerne erzielen historische Gewinne. Wir befinden uns also in einer Situation, in der wir zwar die geophysischen Prozesse eines sich wandelnden Klimas immer besser verstehen, aber zunehmende Machtlosigkeit gegenüber den gesellschaftlichen Treibern des Klimawandels verspüren.

Geoengineering stellt in dieser Situation eine Art resignativen Kurzschluss dar. Oberflächlich betrachtet verspricht es, Politik zu umgehen, notwendige Macht- und Interessenskonflikte zu vermeiden und wissenschaftliches Wissen einfach °anzuwenden°. Dieser Schein trügt natürlich, weil Geoengineering ein unvorstellbares Maß an globaler Kooperation und Planung erfordern würde. Das erklärt, warum der Aufschwung von Geoengineering keinesfalls überraschen sollte, sondern eine gewissermaßen logische Konsequenz bestehender klimapolitischer Strukturen ist.

LED-Beleuchtung

Im Museum verwenden wir LED-Beleuchtung, die deutlich energiesparender ist. Zusätzlich sind Bewegungsmelder angebracht, sodass das Licht ausgeht, wenn keine Besucher*innen sich in den Räumen aufhalten.

Klimakorridor

In der Ausstellung selbst erweitern wir in Absprache mit der Restauratorin den Temperaturkorridor auf 19–25° Celsius, um den Energieverbrauch durch Kühlung und Heizung zu verringern. Seit 2016 nutzt die Goethe-Universität in allen Liegenschaften Ökostrom.

Oliver Ressler: *Carbon and Captivity*, 2020

LED lighting

We use LED lighting in the museum, which saves significantly more energy. We have also fitted motion sensors in the rooms, so that the lights go off when there are no visitors in them.

Climate corridor

In the exhibition itself, in consultation with the museum's conservator, we extend the temperature corridor to 19–25° Celsius in order to reduce the amount of energy used for cooling and heating. Goethe University has been using green energy in all of its properties since 2016.

In many ways, alchemy can be seen as a distant ancestor to the emerging field of climate engineering: an organized belief system that justified the human intrusion into the landscape in order to accelerate natural processes. This was a spiritual practice, which was not only about creating gold, but was more fundamentally about understanding the natural world in order to synthetically replicate and hasten God's transmutational work. In their quest to transform base materials, alchemists sought transmutation towards a purer, more divine state of being. This utopian system was deeply associated with immortality, the very concept at the heart of climate engineering. But the notion that we might find salvation in the fine balance of strategic chemical spills defies belief in the same way the quest for a philosopher's stone once did.

I develop speculative climate prototypes that borrow from both practical alchemy and contemporary geoengineering models, proposing rituals that blend the sacred and scientific to question what kind of nature we hope to approximate within a techno-solutionist future. We all know the folly of alchemy in its core objectives and one might imagine myriad ways that geoengineering could suffer a similarly catastrophic fate. But, to end on a more optimistic note, despite its obvious failings, alchemy did propel us forward in many unanticipated ways – most notably laying the groundwork for modern chemistry, but also generating breakthroughs in distilling, metallurgy, medicine, pigment, labware, and glassware.

IN What political conditions are required for geoengineering?

JS First, it's important to emphasize that geoengineering is fundamentally quite attractive for politicians – completely independently of any ideological context or party-political loyalties. Because geoengineering promises to expand the scope for political action and to extend it. That's why these methods have become politically relevant in very different contexts over the years. Geoengineering definitely did not come from a response to the climate crisis. Its history is much older. To be specific, what we call geoengineering today was right at the top of the political agenda as early as the 1960s. What was known back then as weather and climate modification was an important politically motivated area of research in the Cold War. The US had a very strong military and national strategic interest in funding research into targeted weather and climate modification. The hope was

Colin Lyons: *We will find salvation in strategic chemical spills: Marine Cloud Brightening*, 2022

Druckfarbe

Druckfarbe besteht in der Regel aus Pigmenten und einem Trägermaterial. Das Pigment wird häufig durch ein ölbasiertes Lösungsmittel, das oft aus Erdöl gewonnen wird, in das Trägermaterial eingebracht. Die Pigmente bestimmen die Farbe und Textur der Druckfarbe, während Zusatzstoffe für Eigenschaften wie Viskosität und Beständigkeit sorgen. Als schwarzes Pigment wird meist Ruß verwendet, ein feines Kohlenstoffmaterial, das bei der Verbrennung von Kohlenwasserstoffen entsteht und auch in Kunststoffprodukten Anwendung findet. Druckerschwärze wird also wörtlich aus Kohlenstoffemissionen hergestellt. Für den Druck dieses Katalogs wurde kobalt- und mineralölfreie Farbe verwendet, die aus pflanzlichen und erneuerbaren Rohstoffen wie Baumharz und Pflanzenölen besteht. Durch diese umweltfreundlichere Druckfarbe wird die Menge an flüchtigen organischen Verbindungen, die beim Drucken in die Luft gelangen, reduziert. Diese sogenannten Ökofarben sind zudem im nächsten Recyclingprozess nachhaltiger, da sich mit ihnen bedrucktes Altpapier deutlich leichter entfärben lässt.

IN Welche Methoden des Geoengineering werden in der Zukunft Realität werden?

MF Es ist nicht einfach, einen Zeitpunkt im Fluss der Zeit zu bestimmen, an dem Geoengineering als menschlicher Eingriff in das Klima beginnt. Betrachtet man alle menschlichen Aktivitäten und Einflüsse, so beginnt Geoengineering in größerem Maßstab bereits mit der Rodung von Flächen, gefolgt von einer regen Bautätigkeit. Ganz grob geschätzt bzw. schriftlich festgehalten seit Beginn der großflächigen Abholzung in Südeuropa, gefolgt von der flächendeckenden landwirtschaftlichen Nutzung Mittel- und Nordeuropas. Um nur auf unserem Kontinent zu bleiben. Ein Eingriff in die klimatischen Verhältnisse ist auch die chemische Umwandlung der Atmosphäre, die mit der Industrialisierung begann und sich nach dem Zweiten Weltkrieg noch einmal extrem beschleunigte. Die großflächige Verbrennung fossiler Rohstoffe greift empfindlich in die Stabilität unseres Klimas ein. Eine Stabilität, die die Entwicklung unserer Zivilisation überhaupt erst möglich gemacht hat. Eine Freundlichkeit von Seiten unseres Planeten.[1] Nimmt man den bewussten Einsatz von Geoengineering als Ausgangspunkt, um die von uns verursachten Schäden zu reparieren, dann macht die Abscheidung von Kohlendioxid derzeit große Fortschritte. Weit weniger fortgeschritten sind leider die Vorschläge zur Speicherung oder Wiederverwendung von Kohlendioxid. Solange die Kreisläufe nicht geschlossen werden, kann die CO_2-Abtrennung zu einer Sackgasse

Oliver Ressler: *Carbon and Captivity*, 2020

Printing ink

Printer ink usually consists of pigments and a base material. The pigment is often mixed with the base material using an oil-based solvent, which is often obtained from petroleum. The pigments determine the color and texture of the printing ink, while the additional substances ensure qualities like viscosity and durability. The black pigment used is usually carbon black, a fine carbon material that is produced when burning hydrocarbons and which is also used in plastic products. Black printing ink is therefore literally manufactured from carbon emissions. To print this catalog, cobalt- and mineral oil-free ink made from plant materials and renewable resources like tree resin and plant oils was used. By using these more environmentally friendly inks, the amount of volatile organic compounds released into the air during printing are reduced. These eco-friendly inks are also more sustainable in the next step of the recycling process, since they are significantly easier to remove from used printed paper.

to gain an advantage over the Soviet Union, which – and I doubt this comes as any surprise – was also investing in this area.

This situation was an opportunity for climate research. The climate research field was still in its infancy and focused on trying to get long-term funding after the end of the Second World War. There was no political awareness of the problem of climate change. They therefore needed to justify why they deserved funding. The geostrategic interest in weather and climate modification therefore seemed like an opportunity. Here we can already see a recurring paradox: even though many scientists were very skeptical about targeted weather and climate modification, they used the political interest to convince funders of the relevance of basic research in climate science. Their argument can be summarized as follows: if we better understand the human influence on climate, then maybe we can find ways to use this understanding for targeted weather and climate modification too.

IN Where has the increased interest in geoengineering in the last fifteen years come from?

JS The notable rise of geoengineering is connected to our contradictory situation in climate politics. On the one hand, we apparently know incredible amounts and are constantly learning more about climate change. Currently climate change policies are influenced by increasingly detailed and complex scientific knowledge, which is translated into an elaborate set of climate policy instruments. Using quantified temperature limits, carbon budgets, or climate deadlines, the problem of climate change is not only measured, but also seems to be more easily managed. On the other, we have the failure of current climate change policies in a fundamental sense, which is completely trivial in scientific terms. Global emissions are rising continuously, oil companies are making historic profits. We therefore find ourselves in a situation in which we understand the geophysical processes of a changing climate better and better, but feel increasingly powerless to do anything about the social causes of climate change.

In this situation, geoengineering is a kind of resigned, kneejerk reaction. Viewed superficially, it promises to circumvent politics, avoid conflicts of power and interest, and simply °apply° scientific knowledge. This is deceptive of course,

werden, die statt Lösungen neue Probleme schafft. Wir sollten die Systeme der Erde, die sich selbst im Gleichgewicht halten und regulieren, besser verstehen und auf dieser Grundlage handeln.

JS Geoengineering-Maßnahmen haben vor allem mit dem Pariser Klimaabkommen von 2015 enorm an Brisanz gewonnen. Dabei sollte man zwischen den Ansätzen des sogenannten Carbon Dioxide Removal (CDR) und des Solar Radiation Management (SRM) unterscheiden. CDR ist heute im klimapolitischen Mainstream angekommen. Diese Maßnahmen wurden etwa im letzten, also sechsten, IPCC-Sachstandsbericht nicht mehr als °climate engineering°, sondern als °climate mitigation°, also als Klimaschutzmaßnahme, behandelt und damit sehr bewusst als kategorisch verschieden von den weiterhin sehr viel umstritteneren Solar-Radiation-Management-Ansätzen diskutiert. Die plötzliche Relevanz dieser Maßnahmen erklärt sich nicht durch neue wissenschaftliche Durchbrüche, sondern ist politischer Natur. CDR antwortet auf das politische Problem, dass die Staatengemeinschaft zwar ambitionierte Klimaziele vereinbart hat, die dazu notwendigen Emissionseinsparungen bislang aber nicht umsetzen konnte. Um kosteneffektive Szenarien produzieren zu können, die es trotz dieser fehlenden Zugeständnisse an Emissionseinsparungen erlauben würden, am 2-Grad-Ziel festzuhalten, haben Wissenschaftler*innen begonnen, sogenannte Negative Emissions Technologies in ihre Szenarien einzubauen. Wie der Name schon sagt, beschreiben Negativemissionen die theoretische Möglichkeit, CO_2 aus der Atmosphäre herauszuziehen. Das Problem ist allerdings, dass es die technologischen Kapazitäten zur CO_2-Entnahme, welche die Szenarien vorsehen, bisher (noch) nicht gibt. So erweitern diese Maßnahmen den klimapolitischen Handlungsspielraum nur theoretisch bzw. in den Modellen und kaschieren darüber hinaus eine politisch hochgradig brisante Diskrepanz zwischen ambitionierten Klimazielen und fehlenden Zugeständnissen.

IN Der sechste IPCC-Sachstandsbericht, der im März 2023 veröffentlicht wurde, stuft CDR mittlerweile als Klimaschutz ein. Warum ist die CO_2-Speicherung im Boden keine geeignete Maßnahme, um die Klimaerwärmung zu stoppen?

OR Was zu diesem Zeitpunkt dringend gebraucht wird, ist ein völkerrechtlich verbindlicher rascher globaler Ausstieg aus allen fossilen Energieträgern. Die Erdöl- und Erdgasindustrie, die 2023 die höchsten Gewinne ihrer Geschichte eingefahren hat, setzt alles daran, diesen Ausstieg zu verhindern oder zumindest zu verzögern. Carbon Capture and Storage (CCS) ist eine dieser Verzögerungstechnologien, die vermitteln soll, dass man sich des Problems der Erderhitzung bewusst sei und an Lösungen arbeite, ohne allerdings die Ursachen des Problems – die Verbrennung fossiler Energieträger – zu stoppen. Zudem muss man sich bewusst sein: Es gibt keine hundertprozentig sicheren Endlagerstätten. Es gibt überall auf dem Planeten tektonische Bewegungen. Daher ist es sehr wahrscheinlich, dass das unter hohem Energieaufwand verpresste CO_2 in absehbarer Zukunft wieder in die Atmosphäre entweichen würde. Auch die umfassendsten Langzeit-Studien zur Verpressung von CO_2 in der Nordsee haben ergeben, dass CO_2 durch Risse entweicht.

IN Warum würde die Einführung von CCS die Abhängigkeit von der Brennstoffindustrie verstärken?

OR Die Einführung von CCS würde eine gigantische neue Infrastruktur an Pipelines, CO_2-Abscheidungsanlagen, Verladestationen, Bohrtürmen etc. benötigen. Der Aufbau dieser Infrastruktur würde wiederum große Mengen an Energie und Rohstoffen verbrauchen, die ihrerseits wieder CO_2 freisetzen. Das Know-how zur Errichtung dieser Infrastruktur hätte die Erdöl- und Erdgasindustrie, die daher mit der Errichtung beauftragt würde. Damit würde die für den Klimazusammenbruch maßgeblich verantwortliche Industrie, die notwendigerweise geordnet abgewickelt werden müsste, künstlich am Leben erhalten. CCS ist auch keine neue Technologie; die Verpressung von CO_2 in Ölfelder wird, so es ökonomisch als sinnvoll erachtet wird, bereits seit Jahrzehnten von der Industrie angewendet, um aus erschöpften Erdöllagerstätten das letzte Öl herauszupressen. Der technische Begriff dafür ist Enhanced Oil Recovery. Der einzige Unterschied zu CCS ist, dass

Papier

Die Seiten dieses Katalogs bestehen aus Recyclingpapier, das weniger Chemikalien und Energie verbraucht und sich besser recyceln lässt. Die meisten Bücher werden immer noch auf Frischfaserpapier gedruckt, das direkt aus Bäumen gewonnen wird; manche Recyclingpapiere bestehen aus einem Anteil aus recyceltem Zellstoff und einem Anteil aus Frischfasern; es gibt aber auch hundertprozentige Recyclingpapiere, wie in diesem Buch verwendet. Für die Herstellung einer Tonne Frischfaserpapier werden etwa 2.100 kg Holz benötigt, fast 13.000 kWh Energie verbraucht und mehr als 50.000 Liter Abwasser und über 1.100 kg Abfall erzeugt. Reines Recyclingpapier reduziert den Bedarf an neuen Bäumen auf null, senkt den Energieverbrauch um zwei Drittel, verbraucht weniger als ein Viertel an Wasser und verringert den Abfall um fast 40 Prozent. Bei dem verwendeten Papier handelt es sich zudem um ein Post-Consumer-Recyclingpapier, also eines, dessen Material nach der ursprünglichen Verwendung durch Endverbraucher gesammelt, sortiert, recycelt und damit wieder dem Produktionskreislauf zugeführt wurde.

Paper

The pages of this catalog are made of recycled paper, which uses fewer chemicals and less energy, and is easier to recycle. Most books are still printed on virgin-fiber paper, which is obtained directly from trees; some recycling papers consist of a percentage of recycled pulp and a percentage of virgin fibers; but some recycling papers are made from one hundred percent recycled paper, like the one used in this book. Around 2,100 kg of wood and almost 13,000 kWh of energy is required to make one ton of virgin-fiber paper, and it generates more than 50,000 liters of wastewater and over 1,100 kg of other waste. Pure recycled paper reduces the requirement for new trees to zero, lowers the energy consumption by two thirds, uses less than a quarter of the water, and produces 40 percent less waste. The paper we have used is also post-consumer recycled paper, i.e. its material has been collected, sorted, recycled, and returned to the production cycle after having been used by consumers.

because geoengineering would require an unimaginable degree of global cooperation and planning. This explains why it really shouldn't be a surprise that geoengineering is on the rise, rather to a certain extent, it's the logical consequence of the structures of existing climate change policy.

IN Which geoengineering methods will become a reality in future?

MF It's not easy to determine the point in time when geoengineering, human intervention in the climate, begins. If we look at all human activities and influences, geoengineering on a larger scale already began with the clearing of land, followed by the very active construction of buildings. A rough estimate, or the time when it's recorded in writing, is the beginning of large-scale deforestation in southern Europe, followed by the widespread agricultural use of the land in central and northern Europe. Just to stay on our continent. The chemical transformation of the atmosphere, which began during industrialization and accelerated again extremely quickly after the Second World War, is also an intervention in climate conditions. The large-scale burning of fossil fuels also has a serious impact on the sensitive stability of our climate. A stability that made the development of our civilization possible in the first place. An act of kindness by our planet.[1] If we take the deliberate use of geoengineering as the starting point for repairing the damage we've caused, then carbon dioxide capture is currently making great progress. Proposals for storing or reusing carbon dioxide are much less advanced unfortunately. As long as the cycles are not closed, carbon capture can become a dead end that creates new problems instead of solutions. We should better understand the Earth's systems, which keep themselves in balance and regulate themselves, and act on that basis instead.

JS Geoengineering measures have exploded in popularity, especially since the 2015 Paris Climate Agreement. However, we should differentiate between what's known as Carbon Dioxide Removal (CDR) and Solar Radiation Management. By now, CDR has made it to the mainstream of climate change politics. In the last and sixth IPCC Assessment Report, for example, these measures were no longer referred to as °climate engineering°, but as °climate mitigation°, i.e. as climate protection measures, and thus very deliberately categorically different from Solar Radiation Management, which is still much more controversial. The explanation for the sudden relevance of these measures isn't new scientific breakthroughs, it's political. CDR is a response to the political problem that, although the international community has agreed to ambitious climate goals, until now it hasn't been able to implement the necessary reduction in emissions. In order to be able to produce cost-effective scenarios, which would allow them to hold onto the 2-degree target despite the lack of concessions on emission savings, scientists started building negative emissions technologies into their scenarios. As the name suggests, negative emissions describe the theoretical possibility of stripping CO_2 from the atmosphere. However, the problem is that the technology to remove the CO_2 that the scenarios imagine doesn't exist (yet). These measures therefore only theoretically extend the scope of action in climate change politics, or in the models, and furthermore therefore conceal the discrepancy between ambitious climate targets and the lack of concessions, which is highly explosive politically.

IN The sixth IPCC Assessment Report, which was published in March 2023, now categorizes CDR as climate protection. Why is storing CO_2 under the ground not an option for preventing the climate from warming up?

OR What we urgently need at this point is a rapid global phasing out of all fossil fuels that's binding under international law. The oil and natural gas industry, which recorded their highest profits ever in 2023, is doing everything it can to stop this phasing out or at least to delay it. Carbon Capture and Storage (CCS) is one of these delay technologies, which is supposed to communicate that they're aware of the problem of global warming and are working on solutions, without, however, stopping the cause of the problem – burning fossil fuels. We also have to be aware: there are no 100% safe permanent disposal sites. There's tectonic movement all over the planet. That's why it's quite likely that the CO_2 that has been

Nina Fischer & Maroan el Sani: *Metakosmia,* 2024

sich die Erdölindustrie diese Technologie nun als °Klimatechnik° öffentlich subventionieren lassen möchte. Dagegen ist ein Ende aller fossilen Subventionen und der Ausbau der erneuerbaren Energien bei gleichzeitigem Abbau der fossilen Infrastruktur der richtige Weg. Laut IWF-Berechnungen belaufen sich allein in Deutschland die fossilen Subventionen auf jährlich 70 Milliarden Euro.

IN Im Kontext von CCS und Bioenergieplantagen, d.h. dem landwirtschaftlichen Anbau von nachwachsenden Rohstoffen zur Energieerzeugung, sprechen Sie von einer °Zombieidee°. Was meinen Sie damit?

TH Der deutsche Wald hat bis zur Jahrhundertdürre 2018 jedes Jahr ungefähr 60 Millionen Tonnen CO_2 aufgenommen. Etwas weniger als ein Zehntel der

compressed using lots of energy will probably end up back in the atmosphere again at some point. Even the most comprehensive long-term studies on the injection of CO_2 in the North Sea have shown that the CO_2 escapes through cracks.

IN Why would introducing CCS increase our dependence on the fuel industry?

OR Introducing CCS would require a gigantic new infrastructure of pipelines, CO_2 capturing facilities, terminals, drill towers, etc. Building this infrastructure would in turn consume huge amounts of energy and resources, which would once again release CO_2. The oil and gas industries would be the ones with the expertise to build this infrastructure, and would therefore be paid to construct it.

deutschen Emissionen pro Jahr. Global ist es tatsächlich so, dass Land-Ökosysteme knapp unter 30 % unserer Emissionen an Kohlendioxid jedes Jahr aufnehmen. Das ist ein ungeheurer Service, und ohne den hätten wir mehr Klimaerwärmung. Jetzt gibt es die Idee, dass wir wieder mehr aufforsten, die Wälder anders managen oder dass wir sogar mit riesigen Bioenergieplantagen CO_2 aus der Atmosphäre holen, um das Pariser Klimaziel zu erreichen. Aber brauchen wir das tatsächlich? Wenn man riesige Bioenergieplantagen hat, diese Biomasse dann verbrennt und das dabei entstehende CO_2 im Untergrund verpresst (das sogenannte Carbon Capture and Storage), dann kann ich theoretisch eine Senke im Untergrund von CO_2 aus der Atmosphäre generieren, weil die Biomasse ja immer wieder nachwächst. Da werden aber Szenarien mit bis zu einer Milliarde Hektar Bioenergieplantagen propagiert. Das wäre 60-mal die landwirtschaftliche Fläche von Deutschland. Natürlich gäbe es da massive Konflikte, für die biologische Vielfalt wäre dann auch nicht mehr viel Platz auf dem Planeten. Deswegen nenne ich diese Idee riesiger Bioenergieplantagen mit Verpressung des CO_2 im Untergrund gerne eine Zombie-Idee. Eine Idee, die eigentlich schon lange hätte tot sein müssen. Die wurde auch wissenschaftlich sehr kritisch diskutiert, aber irgendjemand holt sie immer wieder aus der Schublade und es wird auch immer wieder dazu wissenschaftlich publiziert.

IN Neben CDR werden auch andere Geoengineering-Maßnahmen vorgeschlagen, um die Klimakrise zu bewältigen. Wie realistisch ist Solar Radiation Management?

JS Solar Radiation Management (SRM) bleibt deutlich umstrittener als die CO_2-Entnahme. Das hat nicht nur damit zu tun, dass die Forschung in diesem Bereich mit viel größeren Unsicherheiten konfrontiert ist. Was SRM so problematisch macht, liegt gewissermaßen im Prinzip der Sache: Es ist vollkommen losgelöst bzw. unabhängig von den Treibern des Klimawandels und setzt ausschließlich an den Symptomen an. Das heißt, es geht hier weder um eine Reduktion noch um eine Entnahme von CO_2-Emissionen. Maßnahmen, wie das Einbringen von reflektiven Aerosolen in der Stratosphäre, hätten ausschließlich zum Ziel, den Effekt der Erderwärmung zu maskieren. Trotz – oder eher: gerade wegen – dieses Prinzips

Soziale Nachhaltigkeit

Nachhaltigkeit bezieht sich nicht nur auf ökologische, sondern auch auf soziale Aspekte. Ziel ist es, inklusive und unterstützende Strukturen zu schaffen, die sicherstellen, dass Menschen in ihrer Vielfalt und Individualität respektiert werden. Dieser Prozess bedeutet für uns konkret eine gezielte Ansprache bislang unterrepräsentierter Gruppen durch vielfältige Vermittlungsangebote, um Teilhabe zu stärken. Dazu zählt auch ein barrierearmer Zugang zur Ausstellung und Texte, die in einfacher Sprache zur Verfügung gestellt werden.

Gwenola Wagon: *Chronicles of the Dark Sun – Corona*, 2023

Social sustainability

Sustainability means not only considering ecological, but also social aspects. The aim is to create inclusive and supportive structures that ensure that people's diversity and individuality are respected. For us, in concrete terms, this process means deliberately targeting previously underrepresented groups with a wide variety of public outreach programs in order to strengthen participation. This also includes barrier-free accessibility to the exhibition and texts, which are also provided in simple language.

Thus, the industry mainly responsible for the collapse of the climate, which should be phased out in an orderly manner, would be artificially kept alive. CCS isn't a new technology; the compression of CO_2 has been used by the industry in oil fields for decades already, if they think it makes economic sense, to squeeze the last drop of oil out of depleted oil deposits. The technical term for this is Enhanced Oil Recovery. The only difference to CCS is that now the oil industry wants this technology to be publicly subsidized as a °climate technology°. But the right thing to do would be to end all subsidies for fossil fuels and expand renewable energies, while at the same time dismantling the fossil fuel infrastructure. According to IMF calculations, in Germany alone, fossil fuel subsidies amount to 70 billion Euro annually.

IN Regarding CCS and bioenergy plantations, i.e. the agricultural cultivation of renewable raw materials for energy production, you talk about a °zombie idea°. What do you mean by that?

TH Until the drought of the century in 2018, German forests absorbed approximately 60 million tons of CO_2 every year. A little bit less than a tenth of annual emissions in Germany. Globally it is in fact true that terrestrial ecosystems absorb just under 30% of our carbon dioxide emissions every year. That's an incredible service, and without them we'd have even more global warming. Now there's the idea that we should plant more forests, manage the forests in a different way or that we should even take CO_2 out of the atmosphere with huge bioenergy plantations in order to meet the goals of the Paris Agreement. But do we really need that? If we have huge bioenergy plantations, then burn this biomass and compress the CO_2 it produces under the ground (what's known as Carbon Capture and Storage), then theoretically I can create a carbon sink in the subsoil from the CO_2 in the atmosphere, because the biomass will always grow back. But the scenarios being proposed would require up to one billion hectares of bioenergy plantations. That's sixty times the agricultural area of Germany. Of course there are massive conflicts here; there wouldn't be much space left for biodiversity on our planet. That's why I call these huge bioenergy plantations that compress CO_2 underground a zombie idea. An idea that really should have been dead a long time ago. It's already been discussed very critically by scientists too, but someone keeps pulling it back out of the drawer and people keep publishing scientific articles on it.

IN Along with CDR, other geoengineering measures are being proposed to solve the climate crisis. How realistic is Solar Radiation Management?

JS Solar Radiation Management (SRM) remains significantly more controversial than CO_2 removal. That's not only to do with the fact that there are a lot more uncertainties for research in this area. What makes SRM so problematic is to a certain extent inherent to its principle: it's completely detached or independent from the causes of climate change and only addresses the symptoms. That means it's about neither the reduction nor the removal of CO_2 emissions. The only aim of measures such as putting reflective aerosols in the stratosphere would be to mask the effect of global warming. Despite – or rather: precisely because of – this principle of SRM, over the last few years some scientists have suggested considering and researching these measures as a kind of emergency or temporary solution for climate change politics. In these cases, SRM is promoted as part of an overall portfolio of climate policy measures. If there is a risk that the 2-degree limit will be breached, these measures could also achieve cooling relatively quickly and buy more time for radical emissions reductions and the expansion of negative emissions capacities. What makes this proposal so highly problematic is that the actual problem is not just being pushed further into the future, but actually might be made even worse. Because if emissions continue to rise and our ability to remove CO_2 doesn't materialize, the hidden global warming and therefore our dependence on a highly speculative technology will only grow and grow.

IN In your video installation you develop a dystopian future where humans have had to block out the sun in order to survive on Earth. Can solar geoengineering solve the climate crisis?

von SRM haben in den letzten Jahren einige Wissenschaftler*innen vorgeschlagen, diese Maßnahmen als eine Art klimapolitische Not- bzw. Übergangslösung zu berücksichtigen und zu erforschen. SRM wird hier als Teil eines ganzheitlichen klimapolitischen Maßnahmen-Portfolios beworben. Bei drohender Überschreitung der 2-Grad-Grenze könnten diese Maßnahmen auch relativ kurzfristig eine Abkühlung erzielen und mehr Zeit für umfassende Emissionseinsparungen und den Ausbau von Negativemissionskapazitäten einholen. Was diesen Vorschlag hochgradig problematisch macht, ist, dass das eigentliche Problem hier nicht nur weiter in die Zukunft verschoben, sondern möglicherweise auch eklatant verschärft wird. Denn wenn Emissionen weiter ansteigen und Entnahmekapazitäten sich nicht materialisieren, wird die maskierte Erderwärmung und damit die Abhängigkeit von einer hochgradig spekulativen Technologie größer und größer.

IN In deiner Videoinstallation entwickelst du eine dystopische Zukunft, in der die Menschen die Sonne abschotten mussten, um auf der Erde überleben zu können. Kann Solar-Geoengineering die Klimakrise lösen?

GW Geoengineering ist weit davon entfernt, die Erde zu terraformen oder sie wirtlicher zu machen, und erscheint eher als eine verzweifelte Reaktion. Während es behauptet, die Erde umzugestalten, ist es wahrscheinlicher, dass die Geoengineering-Ansätze, die aktuell entwickelt werden, sie eher °vermonden° und sie so verwüsten werden, wie wir es von unserem Satelliten kennen. Es stellt uns keinen neuen Garten Eden in Aussicht, sondern eine verzweifelte Lösung, ein Scheinbild einer erstickenden Zukunft, in der man sehr viele Anführungszeichen um das Wort °bewohnbar° setzen müsste. Aus dieser Perspektive können Geoengineering-Projekte als Versuche gesehen werden, das zum Einsturz zu bringen, was wir versuchen, zu erhalten.

IN Stellt Geoengineering eine Art messianische Idee für den Planeten dar?

CL Ohne Dekarbonisierung wäre es unglaublich anmaßend, zu denken, dass Geoengineering es vermag, irgendeine Form von planetarischer Erlösung herbeizuführen. Aber symbolisch gesehen ist Geoengineering eine Art messianische Idee für den Planeten – die Theorie einer auf Technologie basierenden Lösung, die anbietet, uns von den Sünden des Anthropozäns reinzuwaschen.

Zum jetzigen Zeitpunkt sind viele dieser Angebote erstaunlich plump: die Kühlungseffekte von Vulkanausbrüchen durch das Versprühen von Schwefeldioxid in der Atmosphäre nachzuahmen; riesige Mengen an Eisensulfat in die Ozeane zu kippen, um das Wachstum von Plankton anzuregen; oder feinen Meerwassernebel in die Wolken zu sprühen, um sie reflektierender zu machen. Wenn wir diese Technologien weitertreiben, riskieren wir, die Kaskadeneffekte unbeabsichtigter Auswirkungen zu übersehen, die von großangelegten Geoengineering-Projekten in Gang gesetzt werden könnten.

In meiner Serie von Druckgrafiken, *We will find salvation in strategic chemical spills,* entleihe ich Wolkenlandschaften aus Hendrick Goltzius' *Metamorphosen,* einem Kupferstecher (und Alchemisten) des 16. Jahrhunderts, welche die Atmosphäre eher als fest und stofflich darstellen denn als Nicht-Raum; angesichts der rapide steigenden Kohlenstoffwerte in der Atmosphäre und eines potenziellen Einbringens von Schwefel in die Stratosphäre sehe ich dies als ein lebenswichtiges Konzept. Aber hier sind die Götter durch Geoengineering-Pläne ersetzt worden.

Ich denke, es ist wichtig, anzuerkennen, dass so gut wie alle Wissenschaftler*innen aus dem Feld des Geoengineering betonen, dass diese Technologien kein Ersatz für das Eindämmen von Emissionen sein können und dass sie nur wirksam sind, wenn sie zusammen mit weitreichenden Anstrengungen zur Kohlenstoffreduzierung eingesetzt werden. Am Ende könnten wir uns einem Kipppunkt nähern, an dem diese riskanten Lösungen weniger riskant sein könnten als der Status quo einer klimabezogenen Untätigkeit. Auf unserem derzeit eingeschlagenen Weg wird es immer wahrscheinlicher, dass irgendeine Form des Geoengineering notwendig werden könnte, um uns ein bisschen mehr Zeit für die Dekarbonisierung und Anpassung an einen sich verändernden Planeten zu verschaffen und zugleich einige

Transport

Einer der entscheidenden Faktoren der Klimabilanz von Museen sind die Emissionen, welche durch Transport und Verkehr anfallen. Dazu zählen natürlich die Transporte der Kunstwerke, aber der größte Anteil entsteht durch die Anreise der Besucher*innen – meist im Individualverkehr. Wir haben, wo immer möglich, auf Transporte von Kunstwerken verzichtet, mit digitalen Versionen sowie Ausstellungsprints gearbeitet oder auf Beiladungstransporte zurückgegriffen. Dieser Katalog wurde nahe vom Druckort gebunden, um die Transportwege so kurz wie möglich zu halten. Ein Großteil der Kataloge wurde mit einer einzelnen Sendung an das Museum geliefert, um sie lokal im Museumsshop zu verkaufen.

Transport

One of the most crucial factors in the carbon footprint of museums is the emissions produced by transport and travel. This of course includes the transport of the artworks, but the largest proportion in fact comes from visitors traveling to see the exhibition – usually in individual transportation. Wherever possible, we avoided the transport of artworks, worked with digital versions and exhibition prints, or used additional cargo transportation options. This catalog was bound very close to the place it was printed to keep the transport routes as short as possible. The majority of the catalogs arrived at the museum in one single delivery in order to sell them onsite in the museum shop.

GW Far from terraforming the Earth or making it more hospitable, geoengineering appears to be a desperate response. While it claims to reshape the Earth, geoengineering hypotheses as currently developed are more likely to °lunarize° it, giving it a desolation worthy of our satellite. It doesn't promise us a new Garden of Eden, but a solution of despair, a simulacrum of a suffocating future where the quotation marks around the word °habitable° multiply. From this perspective, geoengineering projects can be seen as an attempt to collapse what we are trying to preserve.

IN Does geoengineering represent a kind of messianic idea for the planet?

CL Without decarbonization, it would be incredibly hubristic to think that climate engineering has the capacity to lead to any sort of planetary salvation. But symbolically, geoengineering is a kind of messianic idea for the planet – a technosolutionist theory that proposes it can wash away the sins of the Anthropocene.

At this point, many of these proposals are surprisingly crude: replicating the cooling effects of volcanic eruptions by spraying sulfur dioxide into the atmosphere, dumping massive quantities of iron sulfate into the oceans to stimulate plankton blooms, or spraying a fine mist of sea water into the clouds to make them more reflective. In advancing these emerging technologies, we risk overlooking the cascade effects of unintended consequences that may be unleashed by large-scale geoengineering projects.

In my print series *We will find salvation in strategic chemical spills,* I borrow cloudscapes from sixteenth-century engraver (and alchemist) Hendrick Goltzius' *Metamorphoses,* which depict the atmosphere as solid and material, rather than a nonspace; something I view as a vital concept in an age of rapidly rising atmospheric carbon levels and potential sulfur injection into the stratosphere. But here, the gods are replaced by geoengineering schemes.

I do think it's important to recognize that nearly all scientists working in the field of climate engineering stress that these technologies are not a substitute for curbing emissions, and can only be effective if used in tandem with sweeping carbon reduction efforts. Ultimately, we may be approaching a tipping point where these risky solutions are less risky than the status quo of climate inaction. On our current trajectory, it's becoming increasingly likely that some form of geoengineering might become necessary to buy us a bit more time as we decarbonize and adapt to a changing planet, while also compensating for some of the built-in warming effects from the carbon that has already been emitted over the past century. Likewise, in my prints, images depicting congressional documents and volcanic eruptions will oxidize and become increasingly visible over the coming decade, as the urgency to deploy these radical climate °solutions° intensifies.

IN To what extent would you say that the Biosphere 2, as an artificial habitat that's shut off from the outside world and can apparently be completely controlled by humans, is the ultimate implementation of geoengineering measures?

NF The Biosphere 2 is a gigantic glasshouse that was built in 1991 with the aim of creating a self-sufficient ecosystem independent from the outside world. Back then, eight visionaries (artists and scientists) were brave enough to undertake the experiment of living in this artificial habitat for two years, to prove that life in a closed system was possible long-term. The spectacular project, whose investors were hoping for scientific knowledge for surviving in bases on the Moon or Mars, was considered a failure at the time, because the CO_2 levels rose unexpectedly sharply and oxygen had to be pumped in from the outside. The B2 is now run as a research facility by the University of Arizona – although it's no longer a system closed off from the outside world – and has regained relevance in the fight against climate change. The B2 is considered the biggest controlled artificial ecosystem in the world.

MES So when we went to see the B2 in Arizona, we also asked ourselves: is the focus of current research on technological methods such as purely technical geoengineering, also known as °technofix°, or is it about researching

Colin Lyons: *We will find salvation in strategic chemical spills: Direct Air Carbon Capture,* 2022

der Erwärmungseffekte des Kohlenstoffs zu kompensieren, der bereits während des letzten Jahrhunderts ausgestoßen worden ist. Gleichermaßen werden in meinen Radierungen Abbildungen von Kongressdokumenten und Vulkanausbrüchen oxidieren und im Laufe des nächsten Jahrzehnts sichtbarer werden, während sich die Dringlichkeit, diese radikalen Klima-°Lösungen° einzusetzen, noch verschärft.

IN Inwiefern würdet ihr sagen, dass die Biosphäre 2 als künstliches Habitat, das von der Außenwelt abgeschlossen scheinbar vollständig durch den Menschen kontrolliert werden kann, die ultimative Umsetzung von Geoengineering-Maßnahmen ist?

NF Die Biosphäre 2 ist ein gigantisches Glashaus, das 1991 mit dem Ziel erbaut wurde, ein von der Außenwelt unabhängiges, sich selbst erhaltendes Ökosystem zu schaffen. Damals haben acht Visionär*innen (Künstler*innen und Wissenschaftler*innen) das Experiment gewagt, zwei Jahre lang in diesem künstlichen Biotop zu leben, um zu beweisen, dass Leben in einem geschlossenen System langfristig möglich ist. Das spektakuläre Projekt, dessen Investoren sich Erkenntnisse für ein Überleben in Mond- oder Mars-Basen erhofften, galt damals als gescheitert, da der CO_2-Wert unerwartet stark angestiegen war und Sauerstoff von außen

Colin Lyons: *We will find salvation in strategic chemical spills: Iron Fertilization* (Detail), 2022

ways of enabling us to preserve the Earth long-term for the coming generations? What role does the exit scenario play in this, does extraterrestrial life play in our future? Currently they're carrying out research in the B2 on the resilience of various biomes, such as the rainforest and the coral reefs in the ocean. These data are essential for international science in order to better understand rainforests and oceans, and their rising temperatures due to climate change. In a long-term drought experiment by international researchers, for example, the rainforest biome wasn't watered for seven weeks and they gathered a large amount of data. But the B2 also depends on research funding from companies, who have an interest in knowing under what conditions plants that play an important role in food politics, like coffee, cocoa and bananas, can grow. This means that the research approaches are ambivalent.

NF In their research on ocean regeneration, researchers at the Biosphere 2 are using assisted evolution. This means that they breed heat-resistant corals that can withstand rising temperatures in the world's oceans to a certain degree and are supposed to have a bridging function, in the hope that in a few decades a solution for climate change will have been found. However, they're more skeptical about geoengineering, because it has unpredictable consequences for the ecosystem. Technofixes are generally based on decoupling economic growth from effects on the environment and therefore threaten a future based on social justice. Even the international climate goal of a maximum global warming of 2 degrees means an increase of 4–5 degrees for some parts of the Global South.

MES In parallel with Biosphere 2, the Mars research project SAM is also being carried out on the same site. There is currently a rollback to the original idea of B2, in which research was supposed to focus on extraterrestrial life. Since the change of government in the US, SAM has gotten a boost again through

zugeführt werden musste. Heute wird die B2 als Forschungseinrichtung der Universität Arizona betrieben – allerdings nicht mehr als von der Außenwelt abgeschlossenes System – und erhält neue Relevanz im Kampf gegen den Klimawandel. Die B2 gilt als das weltweit größte kontrollierte künstliche Ökosystem.

MES Als wir nach Arizona zur B2 gefahren sind, haben wir uns daher auch gefragt: Stehen bei der aktuellen Forschung technologische Methoden wie das rein technische Geoengineering, auch °Technofix° genannt, im Vordergrund oder geht es darum, Maßnahmen zu erforschen, um die Erde langfristig für kommende Generationen zu erhalten? Welche Rolle spielt dabei das Exit-Szenario, das extraterrestrische Leben in unserer Zukunft? Aktuell werden in der B2 Forschungen zur Resilienz verschiedener Biome, wie dem Regenwald und den Korallenriffen im Ozean, durchgeführt. Die Daten sind essenziell für die internationale Wissenschaft, um Regenwälder und Ozeane und deren Erwärmung durch den Klimawandel besser zu verstehen. In einem Langzeit-Dürreexperiment internationaler Forscher*innen wurde das Regenwald-Biom zum Beispiel sieben Wochen lang nicht gewässert und eine Vielzahl von Daten erhoben. Die B2 ist aber auch abhängig von Forschungsgeldern von Unternehmen, die ein Interesse daran haben, unter welchen Bedingungen Pflanzen wie Kaffee, Kakao und Bananen wachsen können, die in der Ernährungspolitik eine große Rolle spielen. Die Forschungsansätze sind also ambivalent.

NF Bei der Forschung zur Regeneration der Meere setzen die Forscher*innen der Biosphäre 2 auf assistierte Evolution. Dabei werden hitzeresistentere Korallen gezüchtet, die der Erwärmung der Weltmeere bis zu einem gewissen Grad standhalten und eine Brückenfunktion einnehmen sollen, in der Hoffnung, dass in einigen Jahrzehnten eine Lösung für den Klimawandel gefunden sein wird. Sie distanzieren sich jedoch von Geoengineering, da es unabsehbare Folgen für das Ökosystem hat. Allgemein basieren Technofixes zumeist auf einer Entkopplung des Wirtschaftswachstums von den Umweltauswirkungen und bedrohen daher eine Zukunft, die auf sozialer Gerechtigkeit basiert. Schon das global gesetzte Klimaziel einer maximalen Erderwärmung von 2 Grad bedeutet für einige Teile des globalen Südens einen Anstieg von 4–5 Grad.

MES Parallel zur Biosphäre 2 wird auf dem Gelände auch das Marsforschungsprojekt SAM betrieben. Derzeit gibt es einen Rollback zur ursprünglichen Idee der B2, bei der das extraterrestrische Leben im Fokus der Forschung stand. Seit dem Regierungswechsel in den USA erhält SAM wieder Aufwind durch größere Budgets. Als Gegenpol zu den meist maskulin geprägten Technofantasien begeben wir uns für unser Filmprojekt *Metakosmia* auf die Suche nach Counter-Narrativen, die zeigen, dass es andere Wege gibt als kapitalorientiertes Geoengineering, Technofixes und Marsbesiedelungspläne. Für *Metakosmia* interessierte uns die B2 im gegenwärtigen Zeitalter des Sechsten Massenaussterbens aber eher als Pilotprogramm, als fiktionales Konzept für ein Überleben auf der Erde selbst, unter Glaskuppeln, in einer durch Extremwetterphänomene unbewohnbar gewordenen Umwelt, und nicht für ein Leben auf dem Mars. Dabei kontextualisieren wir unter anderem das Konzept des *Symbiotic Planet* von Lynn Margulis, Steward Brands *Whole Earth Catalog*, Buckminster Fullers *Operating Manual for Spaceship Earth*, Donna Haraways Posthumanismus und *Das terrestrische Manifest* von Bruno Latour. In unserer 2-Kanal-Video-Installation *Metakosmia*, einer Dokufiktion, die in der nahen Zukunft spielt, lebt eine Teenagerin allein in der Biosphäre 2. Ihre Geschichte wird aus der Perspektive einer Ameise erzählt, die die Menschheit auf der Erde eines Tages überleben wird.

IN Warum brauchen wir deiner Meinung nach eine neue globale Struktur der politischen Steuerung für die bevorstehende Ära der globalen Klimamodifikation?

CL In den nächsten Jahrzehnten werden wir uns mit einigen heiklen Fragen auseinandersetzen müssen: Wer hat das Recht, mit der Umwelt zu experimentieren, wenn die Last der Verantwortung und die Last der Auswirkungen ungleich verteilt sind? Wie viel Abkühlung sollten wir anstreben? Wie sollten diejenigen, die von den negativen Folgen des Geoengineering betroffen sind, geschützt oder entschädigt

bigger budgets. As an antithesis to mostly masculine technological fantasies, for our film project *Metakosmia* we set out in search of counter-narratives that show that there are other ways besides capital-oriented geoengineering, technofixes and plans to colonize Mars. For *Metakosmia*, in our present age of the Sixth Mass Extinction, we were more interested in the B2 as a pilot program, as a fictional concept for surviving on Earth, if necessary under glass domes, in an environment that has become uninhabitable due to extreme weather phenomena, and not in living on Mars. In the film, we contextualize ideas including the concept of the *Symbiotic Planet* by Lynn Margulis, Steward Brand's *Whole Earth Catalog,* Buckminster Fuller's *Operating Manual for Spaceship Earth,* Donna Haraway's posthumanism and *Down to Earth* by Bruno Latour. In our two-channel video installation *Metakosmia*, a fictional documentary set in the near future, a teenage girl is living alone in Biosphere 2. Her story is told from the perspective of an ant that will outlive humanity on Earth one day.

IN Why do you think we need a new global governance structure for the coming era of global climate modification?

CL In the coming decades, we will have to grapple with some thorny questions: Who has the right to experiment with the environment, when the burden of responsibility and the burden of impact are asymmetrical? How much cooling should we strive for? How should those affected by the negative consequences of geoengineering be protected or compensated? How do we collectively maintain this infrastructure to avoid termination shock after geoengineering efforts wind down? These questions are perhaps unresolvable when solely prioritizing the interests of individual nation-states and are particularly urgent when many climate engineering proposals have the potential to exacerbate ocean acidification, alter growing seasons, and set off localized drought.

More concerning however is the potential for rogue non-state or corporate actors to begin experimenting with these schemes. We have already seen this story play out during an unsanctioned 2012 experiment near the coast of British Columbia, where Planktos Inc. dumped 100 tons of iron sulfate into the Pacific Ocean in the world's first open-air iron fertilization experiment. Due to the project's secrecy, evidence about its effectiveness towards carbon sequestration as well as the potential ecological ramifications remain unclear. It's not hard to imagine this being repeated in the skies next.

Etched into the Plexiglas frames of my prints and casting shadows onto the wall are descriptive technical texts written in Esperanto (the world's most widely spoken constructed international auxiliary language), pointing to the need for a new global governance structure for the coming era of climate modification. When we discuss geoengineering, we are fundamentally talking about a synthetic re-creation of ecological balance. The success of this endeavor might hinge on developing a robust and equitable structure that is not vulnerable to the pendulum swings of overcompensation often inherent in human responses to catastrophe.

1 °The history of the atmosphere is inextricably linked to the history of life; life [...] has written its own chemical constitution. [...] And vice versa, every mass extinction, every major disturbance in the biosphere coincided with dramatic changes in the structure of the atmosphere.° (Marcia Bjornerud: *Zeitbewusstheit*, transl. from American English by Dirk Höfer. Berlin: Matthes & Seitz 2022, p. 117.)

werden? Wie können wir gemeinschaftlich diese Infrastruktur aufrechterhalten, um einen Schock nach dem Ende der Geoengineering-Maßnahmen zu verhindern? Diese Fragen sind vielleicht nicht zu lösen, wenn allein die Interessen einzelner Nationalstaaten in den Vordergrund gestellt werden, und sie sind besonders dringlich, wenn viele Geoengineering-Vorschläge potenziell die Meeresversauerung noch verschärfen, die Vegetationsperioden weiter verändern und an bestimmten Orten Dürren herbeiführen.

Noch beunruhigender jedoch ist die Möglichkeit, dass skrupellose nichtstaatliche Akteure oder Unternehmen beginnen, mit diesen Plänen zu experimentieren. Wir konnten schon 2012 beobachten, wie sich diese Geschichte abspielt, als Planktos Inc. in einem nicht genehmigten Experiment nahe der Küste von British Columbia 100 Tonnen Eisensulfat in den Pazifischen Ozean kippte, in einem weltweit ersten Experiment mit Eisendünger unter freiem Himmel. Aufgrund der Geheimhaltung des Projekts gibt es keine klaren Erkenntnisse über seine Wirksamkeit zur Kohlenstoffbindung sowie die möglichen ökologischen Folgen. Es ist nicht so schwer, sich vorzustellen, dass dies als nächstes im Himmel passieren könnte.

In meinen Radierungen sind erläuternde technische Texte in die Plexiglas-Rahmen eingeätzt, die Schatten auf die Wand werfen und auf Esperanto geschrieben sind (der weltweit meistgesprochenen internationalen Plansprache), um auf die Notwendigkeit einer neuen globalen Struktur der politischen Steuerung für die bevorstehende Ära der globalen Klimamodifikation hinzuweisen. Wenn wir über Geoengineering reden, reden wir im Grunde genommen über eine künstliche Wiederherstellung des ökologischen Gleichgewichts. Der Erfolg dieses Unterfangens könnte davon abhängen, eine robuste und gerechte Struktur zu entwickeln, die mit den Pendelausschlägen eines Überkompensierens umgehen kann, welches oft im menschlichen Reagieren auf Katastrophen angelegt ist.

1 °Die Geschichte der Atmosphäre ist unauflöslich mit der Geschichte des Lebens verbunden; das Leben [...] hat seine eigene chemische Verfassung geschrieben. [... U]nd auch umgekehrt fiel jedes Massensterben, jede größere Störung in der Biosphäre mit dramatischen Veränderungen im Aufbau der Atmosphäre zusammen.° (Marcia Bjornerud: *Zeitbewusstheit*, aus d. amerik. Engl. v. Dirk Höfer. Berlin: Matthes & Seitz 2022, S. 117.)

Colin Lyons: *We will find salvation in strategic chemical spills: Arctic Ice Restoration*, 2022

Oliver Ressler: *Carbon and Captivity*, 2020

Dekoloniale Zukünfte *Laura Domes, Juliane Engel, Steven Gonzalez Monserrate, Adhavan Sundaramurthy, Maize Longboat, Jordan Rita Seruya Awori, Gwenola Wagon*

LD Eine der Bedeutungsdimensionen unseres Titels *Fixing Futures* umfasst die Begriffe °reparieren°, °heilen° oder schlicht °in Ordnung bringen°. Wir schaffen Raum für Bilder von Zukünften, die im Bewusstsein der Bedingtheit durch Vergangenheit und Gegenwart alternative Möglichkeiten entwerfen, die vergangenes und gegenwärtiges Unrecht aufgreifen und dadurch auch auf unsere Gegenwart zurückwirken, indem zum Beispiel fortwirkende **koloniale** Strukturen oder die planetare Gerechtigkeitskrise untersucht werden. Deshalb haben wir Künstler*innen und Wissenschaftler*innen eingeladen, die sich in ihren Praxen und aus ihrer Perspektive mit den Traditionen, Anliegen, Erfahrungen und Hoffnungen von historisch durch Kolonialismus und Rassismus diskriminierten Gruppen auseinandersetzen und sich darin für gerechtere Zukünfte einsetzen.

JE Wir beschäftigen uns gerade mit der Frage, wie wir Wandel und **Transformation**, also wie sich die Welt und wir uns als Menschen verändern, fassen können. Bisher haben wir das vor allem über die Idee der offenen Zukunft gemacht. Jetzt ist die große Herausforderung, dass die Zukünfte – wir forschen zusammen mit Kolleg*innen aus unterschiedlichen Kontinenten – nicht in gleicher Weise offen sind. Das zeigt sich beispielsweise, wenn einige Kolleg*innen aus Japan oder Neuseeland von anderen Temporalitäten ausgehen und ihre Forschung von Konzepten der Gleichzeitigkeit anstelle der Idee einer Chronologie von Vergangenheit, Gegenwart und Zukunft geprägt ist. Zudem zeigen sie, für wen Zukünfte schon lange nicht mehr offen sind. Das bietet das Potenzial, auch in der Klimaforschung umzudenken. Diese internationale Forschungsinitiative zeigt, wie wichtig es ist, Zukünfte aus ganz unterschiedlichen Perspektiven in den Blick zu nehmen, also Stimmen hörbar zu machen, die Zukunft nicht so sehr in einer anderen Zeit sehen, sondern viel stärker an die Gegenwart knüpfen.

SGM Sich eine dekoloniale Zukunft vorzustellen, ist eine unglaublich schwierige Aufgabe. Und für die kolonisierten Gemeinschaften auf der Welt sowie die Menschen, die im Schatten des Kolonialismus leben oder deren Erfahrungen von ihm geprägt worden sind, ist es unglaublich schwierig, sich diesem historischen Erbe oder dem Nachwirken oder dieser Bürde zu entziehen. Über dieses Prisma des Kolonialismus hinausblicken zu können, ist eine große Aufgabe. Es ist eine Herausforderung, weil wir oft die Sprache derer sprechen, die uns kolonisiert haben. In der Schule lernen wir oft die Geschichten der Menschen, die uns kolonisiert haben. Und daher ist unser eigenes Vorstellungsvermögen so sehr durch deren Prisma oder deren Sichtweise oder deren Blick bestimmt, dass es so gut wie unmöglich wird, wenn nicht radikal, es sich anders vorzustellen. Dabei geht es nicht darum, zu irgendeiner weit entfernten vorkolonialen Zeit zurückzukehren, sondern eher um eine Richtungsänderung: den Blick in die Zukunft zu richten, seine eigene Herkunft und seine eigenen Erfahrungen, seine eigenen Ästhetiken in den Mittelpunkt zu stellen, um zu versuchen, sich von dieser sehr überdeterminierenden Perspektive des Kolonialismus zu entfernen.

AS Absolut! Der wichtigste und schwierigste Punkt war für mich, zu definieren, wer die Kolonisator*innen waren, da die tamilische Geschichte bis weit vor die Zeit der britischen Kolonisierung zurückreicht. Damit steht die Frage im Raum: Ausgehend von welchem Zeitpunkt in der Geschichte sollte ich versuchen, die tamilische Sprache und Kultur der Zukunft zu bewahren und zu gestalten? Ich konzentriere mich auf die tamilische Sangam-Ära (ca. 300 v. Chr.–300 n. Chr.) als zentralen Bezugspunkt und betrachte jede Kultur, die das Tamilische nach diesem Zeitraum beeinflusst hat, als eine Art Kolonisator, der zur Aneignung und Veränderung der Sprache und Kultur beigetragen hat. Eine Ausnahme ist, dass dravidische Architekturprinzipien in meiner Arbeit eine besondere Rolle spielen. Obwohl deren deutlich wiedererkennbare Gestaltungselemente weit nach der Sangam-Ära

Kolonialismus

Kolonialismus bezeichnet die Ausdehnung der Herrschaft europäischer Länder auf außereuropäische Gebiete mit dem Hauptziel der wirtschaftlichen Ausbeutung. Zwar waren im Zeitalter der Entdeckungen auch missionarische und handelspolitische Motive für den Kolonialismus ausschlaggebend, im Vordergrund stand jedoch immer die Mehrung des Reichtums der Kolonisator*innen. Im Jahr 1914 befand sich über die Hälfte der Weltbevölkerung unter direktem kolonialen Einfluss. Insbesondere nach dem Zweiten Weltkrieg erfolgte eine weitgehende Dekolonisation. Obwohl die ehemaligen Kolonien nun formal unabhängig wurden, blieben aufgrund der geschaffenen Strukturen, darunter künstliche Grenzen, mangelhafte Infrastruktur und einseitige wirtschaftliche Orientierung, kulturelle, wirtschaftliche und andere Abhängigkeitsstrukturen bestehen.

Vgl. Kolonialismus. In: *bpb*, o.D. https://www.bpb.de/kurz-knapp/lexika/politiklexikon/17718/kolonialismus/(Zugriff am 17.12.2024).

Colonialism

Colonialism describes the expansion of rule by European countries to areas outside of Europe with the main goal of economic exploitation. Although colonialism was also significantly motivated by missionary endeavors and trade policy during the Age of Discovery, the main focus was always on increasing the wealth of the colonizers. In 1914, more than half of the world's population was under a direct colonial influence. Widespread decolonization occurred particularly after the Second World War. Although the former colonies then became officially independent, cultural, economic, and other forms of dependence persisted due to structures created by the colonizers, including artificial borders, poor infrastructure, and one-sided economic relationships.

Cf. Kolonialismus. In: *bpb*, n.d. https://www.bpb.de/kurz-knapp/lexika/politiklexikon/17718/kolonialismus/ (accessed: December 17, 2024).

LD One of the dimensions of the meaning of our title *Fixing Futures* includes the concepts of °repairing°, °healing°, or simply °sorting out°. We're creating space for images of futures that sketch alternative possibilities, while remaining aware of how they're conditioned by the past and the present, address past and present injustices and thereby also have a retrospective effect on our present, for example by examining persisting **colonial** structures or the planetary justice crisis. That's why we invited artists and scientists who deal with the traditions, concerns, experiences, and hopes of groups that have been historically discriminated against through colonialism and racism to participate, and who work for more just futures in their artistic practices and from their perspectives.

JE At the moment, we're thinking about the question of how we can grasp change and **transformation,** in other words, how the world and we as human beings are changing. Up until now, we've mainly done that with the idea of an open future. Now the big challenge is that the futures – we carry out research with colleagues from different continents – are not open in the same way. This becomes evident, for example, when some of our colleagues from Japan or New Zealand start from the assumption of different temporalities and base their research on concepts of simultaneity instead of the idea of a chronology of the past, present, and future. They also point out the people for whom the future isn't open anymore, and hasn't been for some time. This opens up the potential to rethink things, in climate research too. This international research initiative shows how important it is to look at futures from very different perspectives, so to make voices heard that don't so much conceive of the future as being in a different time period, but link it much more strongly to the present.

SGM Imagining a decolonial future is an incredibly difficult undertaking. And for the colonized peoples in the world, or people who are living in the shadow of colonialism, or whose experiences were shaped by it, it's incredibly difficult to escape that historical legacy or trajectory or burden. To be able to see beyond that prism of colonialism is a huge undertaking. It's very challenging, because we often speak the language of the people that colonized us. We often learn the stories of the people who colonized us in school. And our imagination itself is therefore so shaped through their prism or through their lens or through their eyes, that it becomes almost impossible, if not radical, to be able to imagine an otherwise. This is not about trying to go back to some distant pre-colonial past, instead it's about turning: turning your eye to the future, centering your own heritage and your own experiences, your own aesthetics, in a way that tries to step away from this very overdetermining lens of coloniality.

AS Indeed! The most critical and challenging aspect for me was defining who the colonizers were, as Tamil history far predates British colonialism. This raises the question: from which point in history should I aim to preserve and project the Tamil language and culture of the future? I focus on the Tamil Sangam era (circa 300 BCE–300 CE) as a pivotal reference point, considering every culture that influenced Tamil after this period as a colonizer of sorts, contributing to the appropriation and transformation of the language and culture. One exception is that Dravidian architectural principles play a significant role in my process. While their more recognizable features were developed significantly after the Sangam era, their foundations can be traced to the cultural and architectural practices of that period, making them integral to preserving and projecting Tamil identity.

LD Suppressing language, taking away the possibility of expression from the people who were dominated and thereby marginalizing them, was an important strategy of the colonizers to control the colonized peoples.[1] The marks of this marginalization are still evident today – are your futuristic

entwickelt wurden, lassen sich ihre Grundlagen bis zu den kulturellen und architektonischen Praktiken dieser Periode zurückverfolgen, womit sie ein wesentlicher Bestandteil in der Bewahrung und Gestaltung der tamilischen Identität sind.

LD Sprache zu unterdrücken, den beherrschten Menschen die eigene Ausdrucksmöglichkeit zu nehmen und sie somit zu marginalisieren, war eine wichtige Strategie der Kolonisator*innen zur Beherrschung der Kolonisierten.[1] Die Spuren dieser Marginalisierung finden sich bis heute – sind deine futuristischen Architekturentwürfe des *Tamizh Futurism* auch eine Möglichkeit, der kolonialen Sprachlosigkeit zu entkommen?

AS In meinen Entwürfen für die Zukunft geht es um viel mehr, als nur der kolonialen Sprachlosigkeit zu entkommen. Auch wenn dies ein wichtiger Punkt ist, geht es mir vor allem darum, meiner kulturellen Identität in einem globalen Kontext Geltung zu verleihen und mich gegen die historische Ausradierung meiner Sprache, Kultur und Gemeinschaft zu stellen. Es geht darum, eine bewusste und wirkungsvolle Perspektive zu entwickeln, durch welche die Welt die tamilische Kultur, Sprache und Identität sehen kann – nicht nur als ein Relikt der Vergangenheit, sondern als eine lebhafte, dynamische Kraft, die die Zukunft mitgestaltet. Jahrhundertelang wurden die tamilische Kultur und Sprache aus einer kolonialen Perspektive gesehen

Transformation

Transformation entstammt dem Lateinischen (*transformare* = umwandeln, umformen, verwandeln, verändern) und bezeichnet einen grundlegenden Wandel. Gesellschaftlich gesehen wird der Begriff verwendet, um tiefgreifende politische, wirtschaftliche oder technologische Veränderungen zu beschreiben. Auslöser einer Transformation können sowohl neue technisch-ökonomische Möglichkeiten als auch deutlich veränderte gesellschaftliche Bedürfnisse sein. Jede Transformation ist ein längerfristiger, mehrere Jahrzehnte dauernder Lern- und Suchprozess, der mit vielen Unsicherheiten verbunden ist. Transformationsprozesse sind erst dann abgeschlossen, wenn sich neue Systemstrukturen dauerhaft etabliert und stabilisiert haben.

Vgl. Was ist eigentlich … Transformation? In: *Deutsches Institut für Urbanistik*, o.D. https://difu.de/nachrichten/was-ist-eigentlich-transformation; Transformation. In: *DWDS*, 21.08.2018. https://www.dwds.de/wb/Transformation (Zugriffe am 18.12.2024)

Jordan Rita Seruya Awori: *Iwapo section 7* (Detail), 2023

Transformation

°Transformation° originate from Latin (*transformare* = convert, re-form, transform, change) and denotes a fundamental change. From a societal point of view, the term is used to describe profound political, economic, or technological changes Transformation can be brought about by both new technological or economic possibilities, or significantly altered societal needs. Every transformation is a long-term process of learning and searching that takes several decades and is associated with many uncertainties. Transformation processes are only completed when new system structures have been permanently established and stabilized.

Vgl. Cf. Was ist eigentlich ... Transformation? In: *Deutsches Institut für Urbanistik*, n.d. https://difu.de/nachrichten/was-ist-eigentlich-transformation; Transformation. In: *DWDS*, August 21, 2018. https://www.dwds.de/wb/Transformation (accessed: December 18, 2024).

architectural designs in *Tamizh Futurism* also a way of escaping colonial speechlessness?

AS My designs for the future are about much more than merely escaping colonial speechlessness. While that is an important aspect, they're fundamentally about asserting my cultural identity in a global context, challenging the historical erasure of my language, culture, and people. It's about creating a deliberate and powerful lens through which the world can view Tamil culture, language, and identity – not just as a relic of the past but as a vibrant, dynamic force shaping the future. For centuries, Tamil culture and language have been viewed through a colonial lens, often belittled, exoticized, or misunderstood. My approach creates a new narrative, positioning Tamil identity not as an isolated or marginalized part of the world, but as an integral and valuable contributor to global cultural discourse.

LD Unlike Adhavan Sundaramurthy's designs, which depict a future based on an alternative past, the main game scenario of *Terra Nova* by Maize Longboat presents an alternative version of °first contact° between **Indigenous** peoples and new arrivals. The key aspect is that this takes place in a distant future and therefore implies both the possibility that colonization could be repeated and that its historical injustice could be altered.

ML *Terra Nova* is set on a version of Earth that exists after climate change has pushed a group of humans onto a spaceship to search for a new planet to call home. However, not every human could go or even wanted to leave. The people that stayed on Earth adapted to a changing climate and environment, and survived for millennia in spite of the severe weather. This vision of the future embraces the fact that Earth will always change, whether humans live on the planet or not, but it's up to us to decide how we care for our planet, the other living creatures who have their home here, and ourselves. Video games are not only a form of popular media, they're a uniquely interactive form of media. They require human engagement and input to be fully experienced. *Terra Nova* is about two worlds colliding, Indigenous and colonizer, and I wanted both sides of first contact to be experienced simultaneously. Designing the game in a way that required two players to collaborate together to complete the narrative is meant to spark follow-up conversations about Indigenous and colonial histories, the stories we believe and perpetuate in our present reality, and dreams for what a future might look like.

LD What role does imagination play in the transformation of societies?

JE Imagination provokes. That's what's fascinating about it, and in every respect. I'll start with how it provokes science. Science, including the social sciences, the humanities, and cultural studies, is very much based on proposing a thesis and then elaborating on that. So, what should the future be like, outlining normative orders, etc. And then imagination starts to play with us. We can't control it. So it produces a kind of knowledge beyond what has been previously imagined. For example, Kathryn Yusoff and Jennifer Gabrys,[2] who I really admire, bring imagination into play in science policy by saying: imagination helps us to develop images and ideas that haven't been thought of in that way before, and therefore are beyond dominant ideas about climate change too.

LD The exhibition artists also use AI as a tool for imagining alternative futures. In *Iwapo*, for example, Jordan Awori develops speculative versions of cities that remained untouched by colonization, and in *Chronicles of the Dark Sun*, Gwenola Wagon tells the story of a dystopian future, in which humanity has darkened the sun in order to survive.

JRSA My use of AI in this project began somewhat coincidentally during a period when I was still adjusting to life in Germany. This new environment brought questions of influence into sharp focus – which cultures and societies are permitted to shape the world around them, and which are excluded? These reflections contrasted with my experiences in Kenya, where external influences – both beneficial and harmful – are deeply embedded in our cultural fabric. I wanted to explore these dynamics in my work, and around the same time, AI was emerging

und dabei oft herabgesetzt, exotisiert oder missverstanden. Durch meinen Ansatz entsteht ein neues Narrativ, welches die tamilische Identität nicht als einen isolierten oder marginalisierten Teil der Welt darstellt, sondern ihren unentbehrlichen und wertvollen Beitrag zum weltweiten kulturellen Diskurs herausstellt.

LD Anders als die Entwürfe von Adhavan Sundaramurthy, die eine Zukunft zeigen, die auf einer alternativen Vergangenheit basiert, entwickelt das zentrale Spielszenario von *Terra Nova* von Maize Longboat eine alternative Variante des °first contact° zwischen **Indigener** Bevölkerung und Neuankömmlingen. Der Clou dabei ist, dass diese in einer fernen Zukunft angesiedelt ist und somit sowohl die Möglichkeit einer Wiederholung als auch einer Veränderung der historischen Ungerechtigkeit der Kolonialisierung beinhaltet.

ML *Terra Nova* spielt auf einer Version der Erde, die existiert, nachdem eine Gruppe Menschen sie aufgrund des Klimawandels per Raumschiff verlassen hat, um auf die Suche nach einem neuen Planeten zu gehen, auf dem sie leben können. Allerdings konnten oder wollten nicht alle Menschen gehen. Diejenigen, die auf der Erde geblieben sind, haben sich an das wandelnde Klima und die sich verändernde Umwelt angepasst und haben trotz harscher Wetterbedingungen jahrtausendelang überlebt. Diese Zukunftsvision greift die Tatsache auf, dass die Erde sich immer verändern wird, egal, ob Menschen auf diesem Planeten wohnen oder nicht, aber dass es an uns liegt, zu entscheiden, wie wir mit unserem Planeten umgehen, mit den anderen Lebewesen, die hier beheimatet sind, und auch mit uns selbst. Videospiele sind nicht nur eine Art der populären Medien, sondern auch ein einzigartig interaktives Medium. Sie erfordern die Beteilung und den Einsatz der Menschen, um gänzlich erfahrbar zu werden. In *Terra Nova* prallen zwei Welten aufeinander, die indigene und die der Kolonisator*innen, und ich wollte, dass beide Seiten des Erstkontakts gleichzeitig erlebt werden können. Das Spiel ist so gestaltet, dass sich zwei Spieler*innen zusammentun müssen, um die Geschichte zu vervollständigen; dies soll vor allem Gespräche über die indigene und koloniale Geschichte in Gang setzen, über die Geschichten, an die wir in unserer gegenwärtigen Realität glauben und die wir weiterverbreiten, und über Träume, wie eine Zukunft aussehen könnte.

LD Welche Rolle spielen Imaginationen in der Transformation von Gesellschaften?

JE Imaginationen provozieren. Das ist das Faszinierende an Imaginationen, und zwar in jeder Hinsicht. Ich fange mal damit an, wie sie Wissenschaft provozieren. Wissenschaft, auch die Sozial-, Geistes- und Kulturwissenschaft, lebt sehr stark davon, dass sie eine These aufstellt und diese These dann elaboriert. Also wie soll die Zukunft sein, normative Ordnungen entwerfen usw. Und die Imagination fängt an, mit uns zu spielen. Wir können sie nicht kontrollieren. Also sie produziert sozusagen Erkenntnisse jenseits des bisher Vorgestellten. Zum Beispiel bringen Kathryn Yusoff und Jennifer Gabrys,[2] die ich sehr schätze, die Imagination wissenschaftspolitisch ins Spiel, indem sie sagen: Die Imagination hilft uns, Bilder zu entwickeln und Ideen, die bisher so noch nicht gedacht wurden, die also jenseits von auch dominanten Ideen von Klimawandel sind.

LD Die Künstler*innen der Ausstellung nutzen unter anderem KI als Mittel zur Imagination von alternativen Zukünften. In *Iwapo* entwickelt Jordan Awori z.B. spekulative Versionen von Städten, die von der Kolonialisierung unberührt geblieben sind, und Gwenola Wagon erzählt in *Chroniques du Soleil Noir* von einer dystopischen Zukunft, in der die Menschheit die Sonne verdunkelt hat, um überleben zu können.

JRSA Dass ich KI für mein Projekt benutzt habe, hat sich eher zufällig ergeben, als ich mich gerade erst noch an das Leben in Deutschland gewöhnte. Diese neue Umgebung hat für mich Fragen nach Einflussnahme sehr präsent gemacht – welchen Kulturen und Gesellschaften ist es erlaubt, die Welt um sie herum zu formen, und welchen nicht? Diese Überlegungen hoben sich stark von meinen Erfahrungen in Kenia ab, wo Einflüsse von außen – sowohl positive als auch negative – tief in unserer Kultur verankert sind. Diesen Dynamiken wollte ich in meiner Arbeit

Indigen

Indigen entstammt dem Lateinischen (*indigenus* = eingeboren) und bezeichnet Personen, die in einem bestimmten Gebiet geboren wurden oder dort beheimatet sind. Die Vereinten Nationen haben Kriterien formuliert, die sich auf die Selbstidentifikation Indigener Völker beziehen. Demnach werden Indigene Völker als Nachfahren der Erstbewohner*innen eines Gebiets definiert. Ihre Identität ist durch die bewusste Entscheidung geprägt, eine kulturelle Besonderheit zu bewahren, die sich von der nationalen Gesellschaft unterscheidet. Diese Besonderheit findet ihren Ausdruck in einer selbstidentifizierten, abgegrenzten Gruppe innerhalb der Gesellschaft. Indigene Völker sind geprägt durch die Erfahrung von Unterdrückung, Diskriminierung, Marginalisierung und Enteignung bis hin zur Ausrottung. In rund 90 Staaten leben etwa 5.000 Indigene Völker, denen insgesamt mehr als 476 Millionen Menschen angehören. Trotz international verbriefter kollektiver Rechte sind Indigene in den meisten Staaten vom politischen, wirtschaftlichen und kulturellen Leben weitgehend ausgeschlossen.

Vgl. Indigene Völker. In: *Bundesministerium für wirtschaftliche Zusammenarbeit und Entwicklung*, o.D. https://www.bmz.de/de/service/lexikon/indigene-voelker-57208 (Zugriff am 17.12.2024).

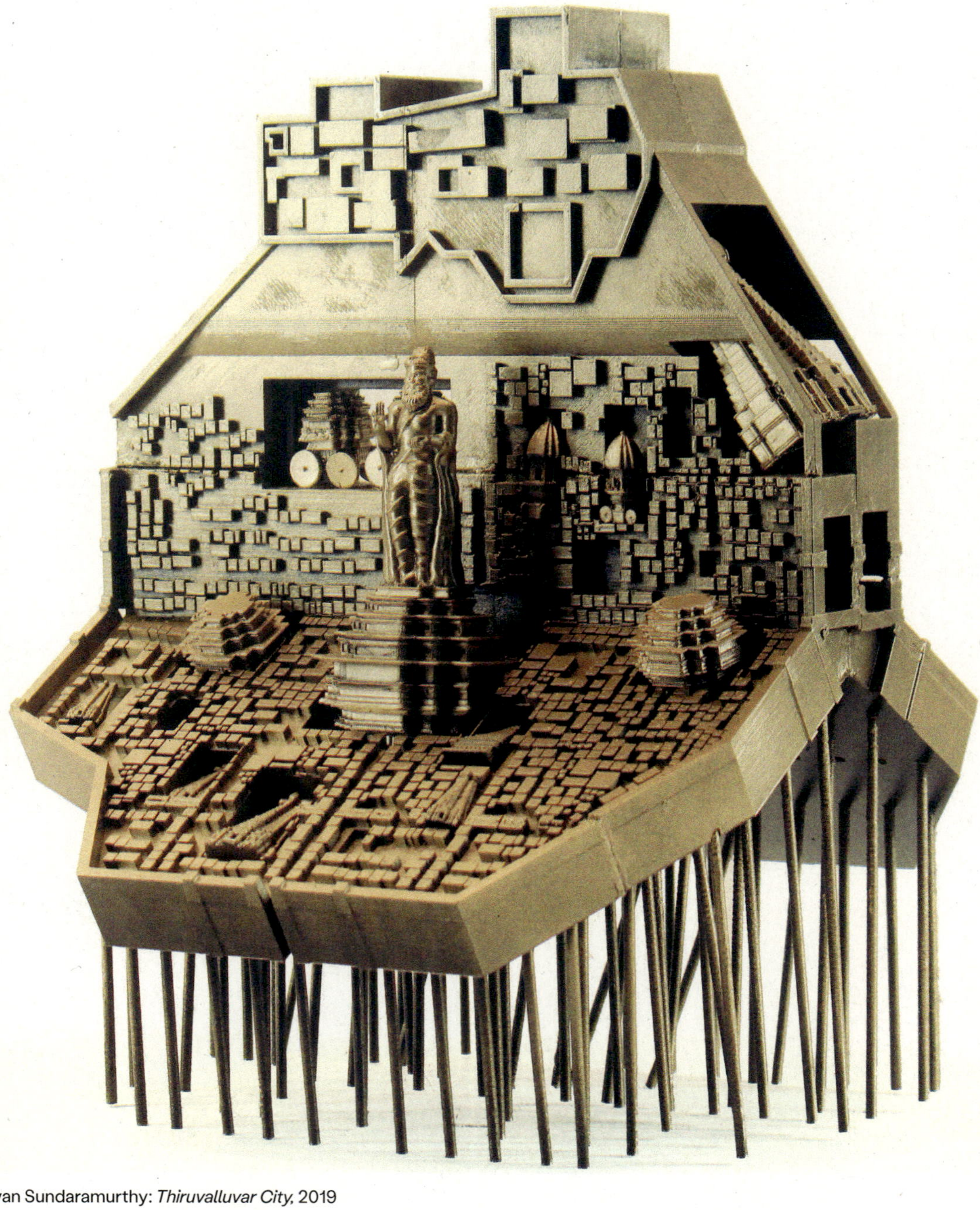

Adhavan Sundaramurthy: *Thiruvalluvar City*, 2019

as a major topic in the art world. I began experimenting with Midjourney, starting from my personal curiosity about what Nairobi might look like if it had never been colonized. What started as a simple exercise quickly deepened, evolving into an investigation that spanned weeks of refining prompts and generating imagery. I wasn't interested in random visuals; I wanted a cohesive aesthetic with consistent lighting and mood that could form part of a larger narrative. This led to a layered installation imagining alternative histories of cities shaped by different influences.

GW Most of the images in the movie were created using generative AI platforms. But there are also photographs of childhood, rejuvenation, and aging, retouched with filters. Since 2011, I've been working with images that are °found° on the internet, back then on social networks, and that can only be °found°

Jordan Rita Seruya Awori: *Iwapo section 1,* 2023

nachgehen und ungefähr zur selben Zeit wurde KI ein großes Thema in der Kunstwelt. Ausgehend von meiner eigenen Neugier, wie Nairobi wohl aussehen würde, wäre es niemals kolonisiert worden, habe ich angefangen, mit Midjourney herumzuexperimentieren. Was als einfache Übung begann, intensivierte sich schnell und wurde zu einer wochenlangen Recherche, in der ich Prompts verfeinert und Bilder

through long and time-consuming research and algorithms (*World Brain* or *La maison qui vous veut du bien* with Stéphane Degoutin), works that, from the user's point of view, are not very different from images produced today by AI. AI, like filters, like photomontages, or the recovery of °found shots° from °office films°, the found footage of desktop movies, are different modalities of a transformation of

Jordan Rita Seruya Awori: *Iwapo section 6*, 2023

erzeugt habe. Ich wollte nicht nur irgendwelche Bilder, sondern eine kohärente Ästhetik mit einer einheitlichen Beleuchtung und Stimmung, um ein größeres Narrativ zu schaffen. Daraus entstand eine vielschichtige Installation, die alternative Geschichten von Städten, die verschiedenen Einflüssen ausgesetzt sind, imaginiert.

GW Die meisten der Bilder in dem Film wurden von generativen KI-Plattformen erzeugt. Aber es gibt auch Fotografien von Kindheit, Verjüngung und Altern, die mit Filtern bearbeitet wurden. Seit 2011 arbeite ich mit Bildern, die man im Internet °finden° kann, damals in den sozialen Medien, und die nur durch lange und zeitaufwendige Suchen und Algorithmen °gefunden° werden können (*World Brain* oder *La maison qui vous veut du bien* mit Stéphane Degoutin); Werke, die sich aus Sicht der Benutzer*innen kaum von den heutigen KI-generierten Bildern unterscheiden. KI ist, so wie auch Filter, Fotomontagen, die Wiederverwertung von °gefundenen Aufnahmen° aus °Büro-Filmen° oder das Found Footage in Desktop-Filmen, eine andere Art und Weise der Verwandlung von Bildern, die an sich schon existieren. Es handelt sich um Bilder, die gemacht wurden, an denen – unter Umständen sehr lange – gearbeitet wurde, die sich als solche präsentieren und gerade deshalb ihre eigenen Produktionsweisen auch in Frage stellen.

LD Man muss sich jedoch durchaus vergegenwärtigen, dass Algorithmen wie Midjourney und ChatGPT rassistische und sexistische Stereotypen reproduzieren.[3] Lässt sich das überhaupt verhindern?

JRSA Hinsichtlich der Stereotype war meine Absicht während des Entwickelns von *Iwapo* nicht, die von der KI reproduzierten Vorurteile zu umgehen. Im Gegenteil sehe ich diese Arbeit als eine Möglichkeit, sie zur Schau zu stellen. Der erste Schritt, ein Problem anzugehen, ist, seine Existenz anzuerkennen. Der Versuch, diese Vorurteile zu verschleiern oder zu verdecken, spielt doch nur denen in die Hände, denen sie nutzen. KI ist kein neutrales Werkzeug – sie spiegelt die gesellschaftlichen Vorurteile wider, die in ihre Algorithmen und Datensätze einprogrammiert sind. Indem ich KI-generierte Bilder benutze und kritisiere, untersuche ich, wie der menschliche Einfluss die Technologie formt, und rege mein Publikum dazu an, diesen Vorurteilen in ihren eigenen Interaktionen mit der Welt entgegenzutreten.

Adhavan Sundaramurthy: *Doublets – Irattaikilavi*, 2019

LD Ich möchte noch einmal auf die Begriffe der °Heilung° und des °Reparierens° zurückkommen und damit auch auf die Frage: Kann eine künstlerische Arbeit als Teil eines gesellschaftlichen Heilungsprozesses verstanden werden?

JRSA Als Künstlerin habe ich mich mit der Idee schwer getan, auf einem moralischen Podest zu stehen – das Gefühl zu haben, dass ich diejenige sein soll, die darauf hinweisen muss, wo etwas in der Welt schiefläuft, und den Leuten sagen muss, wie sie sich verändern sollen. Ehrlich gesagt habe ich für so etwas keine emotionalen Kapazitäten mehr. Es laugt einen aus – Wut, Frustration, Traurigkeit –, es führt zum Burn-out. Du bemerkst die Probleme, aber wenn sich nichts verändert, fühlt es sich so an, als würde man ins Nichts hineinschreien. Und diese Wut verhindert dann, dass die Kunst das tut, was ich denke, dass sie tun sollte, nämlich eine Art Heilung oder Verständnis für die Welt zu schaffen. Daher habe ich ganz bewusst meinen Fokus verschoben. Jetzt mache ich Kunst, die mich heilt. Wenn mich ein persönliches Problem bedrückt oder ein gesellschaftliches oder politisches beschäftigt, mache ich Kunst als einen Weg, um es durchzuarbeiten. Der Prozess an sich ist heilend. In meiner Kunst erlaube ich es mir, die Dinge, die mich aufregen, oder die Probleme, die ich sehe, anzuerkennen, und das allein verschafft mir eine Erleichterung. Indem ich diesen Gefühlen und Kämpfen einen Raum gebe, finde ich Klarheit und Frieden in meiner Arbeit. Und wenn andere es sehen und etwas darin erkennen – wenn es jemand anderen berührt oder ein Gespräch auslöst oder andere dazu bringt, etwas aus einer anderen Perspektive zu sehen –, dann fühlt es sich so an, als könnte es eine Art kollektive Heilung sein. Aber es geht nicht unbedingt darum, Antworten oder Lösungen zu geben. Manchmal geht es nur darum, anzuerkennen, dass etwas schiefläuft oder dass etwas gesehen oder gehört werden muss. Wenn ein Werk dies tut, denke ich hat es eine Chance, Verständnis zu befördern oder einen Dialog zu eröffnen, was gewissermaßen eine Form der Heilung ist.

Maize Longboat: *Terra Nova*, 2019

Maize Longboat: *Terra Nova,* 2019

images that already exist as such. These are images that have been made, worked on – and worked on for a very long time – that present themselves as such and, for this very reason, also question their own modes of production.

LD However, we have to remind ourselves that algorithms like Midjourney and ChatGPT reproduce racist and sexist stereotypes.[3] Can that be avoided in any way?

JRSA With regard to the biases, my intention while creating *Iwapo* was not to avoid the reproduction of biases in AI. Instead, I see this work as a way to expose them. The first step toward addressing any issue is recognizing its existence. Attempting to mask or camouflage these biases only serves to protect those they benefit. AI is not a neutral tool – it reflects societal prejudices encoded into its algorithms and datasets. By using and critiquing AI-generated imagery, I explore how human influence shapes technology and encourage viewers to confront these biases in their own interactions with the world.

LD I'd like to return to the concepts of °healing° and °repairing°, and ask: Can an artwork be understood as part of a societal healing process?

JRSA As an artist, I've struggled with this idea of standing on a moral pedestal – of feeling like I have to be the one to point out what's wrong with the world and tell everyone how they should change. To be honest, I just don't have the emotional capacity for that anymore. It becomes draining – anger, frustration, sadness – it leads to burnout. You notice the issues, but when nothing changes, it feels like shouting into the void. And that anger just doesn't allow the art to do what I think it should do, which is create some form of healing or understanding for the world. So, I've consciously shifted focus. I now create art that heals me. If I'm grappling with a personal issue, or I'm struggling with a societal or political problem, I create art as a way of working through it. The process itself is healing. In my art, I allow myself to acknowledge the things that upset me or the issues I see, and that alone brings some relief. By making space for these feelings and struggles, I find a sense of clarity and peace in my work. And if others see it and recognize something in it – if it resonates with someone else, or sparks a conversation, or helps them see things from a different angle – that's the part that feels like it might be a kind of collective healing. But it's not necessarily about providing answers or solutions. Sometimes it's just about acknowledging that something is wrong, or that something needs to be seen or heard. In doing that, I think the work has a chance to foster understanding or open up dialogue, which in a way is a form of healing.

Indigenous

°Indigenous° comes from Latin (*indigenus* = native) and denotes persons who were born in a particular region or have their home there. The UN have formulated criteria that relate to the self-identification of Indigenous peoples. According to these criteria, Indigenous peoples are defined as the descendants of the first inhabitants of a region. Their identity is characterized by the conscious decision to preserve a unique cultural feature that differs from that of the national society. This unique cultural feature is expressed in a self-identified, defined group within society. Indigenous peoples are marked by their experience of oppression, discrimination, marginalization, and dispossession, as well as being wiped out in some cases. There are around 5,000 groups of Indigenous peoples in around 90 states, with a total population of more than 476 million people. Despite internationally enshrined collective rights, Indigenous peoples are usually significantly excluded from political, economic, and cultural life in most states.

Cf. Indigene Völker. In: *Bundesministerium für wirtschaftliche Zusammenarbeit und Entwicklung,* n.d. https://www.bmz.de/de/service/lexikon/indigene-voelker-57208 (accessed: December 17, 2024).

Gwenola Wagon: *Chronicles of the Dark Sun – Janssen Volcanic eruption*, 2023

1 Die Koloniallinguistik beschäftigt sich damit, wie koloniale Machtmechanismen und postkoloniale Effekte durch Sprache und Versprachlichung kommunikativ hervorgebracht und gestützt werden. Vgl. die Bände der von Stefan Engelberg et al. herausgegebenen Reihe *Koloniale und postkoloniale Linguistik / Colonial and Postcolonial Linguistics* (de Gruyter).

2 Vgl. Katryn Yusoff: *A Billion Black Anthropocenes or None*. Minneapolis: U of Minnesota P 2019; Jennifer Gabry: *Citizens of Worlds. Open-Air Toolkits for Environmental Struggle*. Minneapolis: U of Minnesota P 2022.

3 Vgl. Marie-Sophie Adeoso / Eva Berendsen / Leo Fischer / Deborah Schnabel (Hrsg.): *Code & Vorurteil. Über Künstliche Intelligenz, Rassismus und Antisemitismus*. Berlin: Verbrecher 2024.

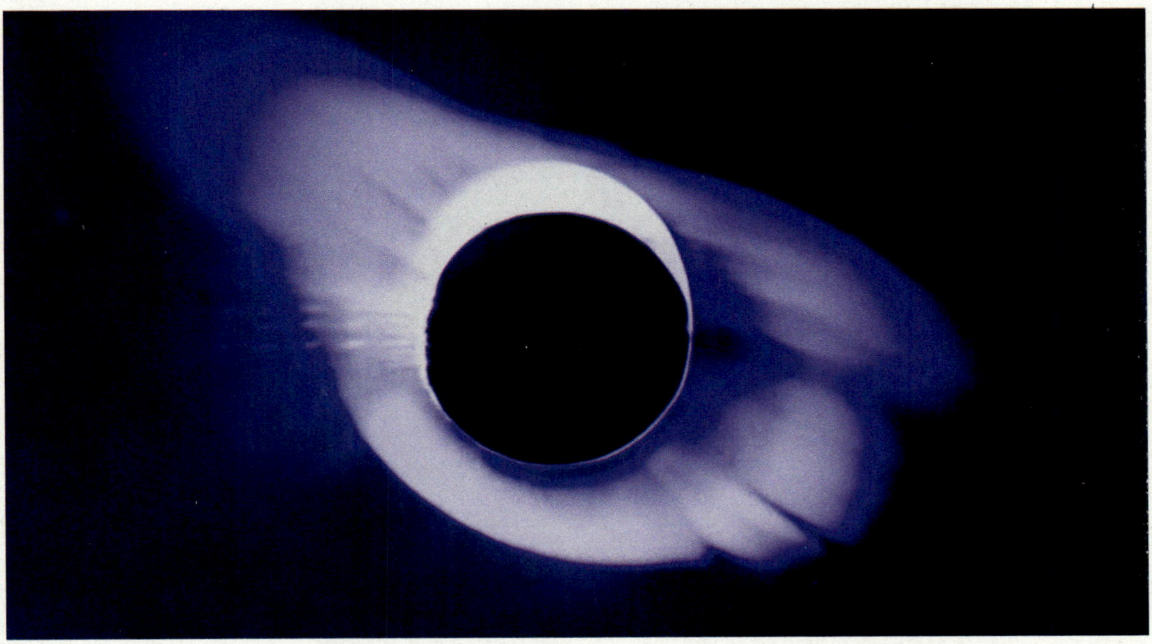

Gwenola Wagon: *Chronicles of the Dark Sun – Eclipse*, 2023

1 Colonial linguistics studies how colonial power mechanisms and postcolonial effects are communicatively produced and supported by language and verbalization. Cf. the volumes in the series edited by Stefan Engelberg et al., *Koloniale und postkoloniale Linguistik / Colonial and Postcolonial Linguistics* (de Gruyter).

2 Cf. Katryn Yusoff: *A Billion Black Anthropocenes or None*. Minneapolis: U of Minnesota P 2019; Jennifer Gabry: *Citizens of Worlds. Open-Air Toolkits for Environmental Struggle*. Minneapolis: U of Minnesota P 2022.

3 Cf. Marie-Sophie Adeoso / Eva Berendsen / Leo Fischer / Deborah Schnabel (eds): *Code & Vorurteil. Über Künstliche Intelligenz, Rassismus und Antisemitismus*. Berlin: Verbrecher 2024.

AMH An der Goethe-Universität gibt es viele Sammlungen, die in der Forschung und Lehre genutzt werden. In der Ausstellung *Fixing Futures* werden Objekte aus einigen dieser Sammlungen präsentiert. Alle ausgewählten Exponate vereint, dass in ihnen Zukunftsvorstellungen wortwörtlich fixiert sind. Inwiefern zeigen die Objekte, wie wandelbar vermeintlich fixierte Zukünfte sein können?

FK Bei der Frage mussten wir aus der Perspektive der Numismatischen Sammlung direkt an den römischen Kaiser Jovian denken. Eine lange, stabile Herrschaft war das Ziel jedes römischen Kaisers und die Hoffnung der römischen Bevölkerung. Eine gefestigte Herrschaft bedeutete für sie auch eine sichere Zukunft.

SH Solche Münzen wurden darum just zum Herrschaftsbeginn gerne ausgegeben. Die Umschrift °VOT V MVLT X° ist ein kaiserliches Versprechen, zunächst fünf, dann weitere zehn Jahre zu herrschen. Dieses Heraufbeschwören der Zukunft blieb häufig ein leeres Versprechen, wie auch in Jovians Fall – er regierte nur wenige Monate.

SST Länger hielt da das trügerische Zukunftsversprechen von Asbest! Die faserförmigen Kristalle, wie dieses Riebeckit und Chrysotil aus der Sammlung der Geowissenschaften, galten lange als das Wundermittel der Zukunft. Bis vor 50 Jahren wurde es in vielen Anwendungsgebieten gerne genutzt: als Faserzement, für Dächer und Hausverkleidungen, im Brandschutz, in Bodenbelägen und Dachpappe, in Elektrogeräten, bis zu Fliesenkleber und Zahnpasta… Eigentlich wurde die gesundheitsschädigende Wirkung bereits um 1900 herum erkannt und 1943 Lungenkrebs durch Asbestbelastung als Berufskrankheit anerkannt. Die Herstellung und Verwendung wurden in Deutschland jedoch erst 1993 generell verboten.

AMH Also haben sich hier die Zukünfte, die verheißungsvoll erschienen, selbst in kurzen Zeiträumen als trügerisch erwiesen. Gibt es in den Sammlungen auch Gegenstände in denen die Zukunft °fantastisch° dargestellt wird?

FG In der Bibliothek für Jugendbuchforschung findet sich sogar ein Objekt, welches vermeintlich aus der Zukunft stammt: 1.000 Jahre nach Erfindung des Buchdrucks erscheint im Jahr 2440 ein Buch mit Geschichten – Märchen? – aus vergangenen Tagen: Die *Future Fairy Tales* funktionieren in Teilen ähnlich wie Found-Footage-Material in einem Science-Fiction-Setting und eröffnen 400 Jahre nach unserer Zeit einen Blick auf heute und die unmittelbar folgende Epoche. Es war einmal… unsere Gegenwart. Die Erde hat sich verändert, die Folgen für die Menschheit waren gravierend – aber Märchen als zivilisatorische Narrationskonstante gibt es weiterhin.

JB In Reklamesammelalben, welche in der Sammlung Politische Bildgedächtnisse zu finden sind, können wir hingegen erkennen, was vor einigen Jahren als fantastische Zukunft galt – einiges ist heute Realität, anderes (zum Glück) nicht. So etwa eine Zukunftsfantastik aus dem Album *Wunder der Technik in Gegenwart und Zukunft*. Nichts Geringeres als einen massiven Eingriff in die Erdrinde hätte es gebraucht, um mit dem °Erdsehnen-Expreß° die theoretisch errechnete kürzeste Verbindung etwa zwischen Lissabon und Paris zu einem real existierenden Verkehrsweg zu machen. Die letzte Serie des 1934 erschienenen Albums bringt auf den Punkt, was im Blättern durch die vorgestellten Technikwunder der damaligen Gegenwart und Zukunft offensichtlich wird. Kein Aufwand oder Eingriff ist zu groß, keine Grenze ist vorhanden.

JM Aus derselben Zeit stammt eine Fotografie, die auf der Expedition Himmelheber an die Elfenbeinküste entstanden ist und heute im Ethnographischen Bildarchiv des Frobenius-Instituts liegt: Das Nachdenken über die Zukunft löst Unsicherheiten aus, gerade in von Umbrüchen geprägten Zeiten. Um sich auf zukünftige Entwicklungen vorbereiten zu können, greifen Menschen auf unterschiedliche Strategien zurück, darunter auch Orakel und Weissagungen. Ein faszinierendes Beispiel dafür ist das Mausorakel der Baule aus Westafrika: Stäbchen

AMH There are many collections used in research and teaching at Goethe University. Objects from some of these collections are on show in the exhibition *Fixing Futures*. All of the objects exhibited share the common feature that ideas about the future are literally fixed in them. To what extent do the objects show how changeable supposedly fixed futures can be?

FK From the perspective of the Numismatic Collection, this question immediately made us think of the Roman emperor Jovian. A long, stable reign was every Roman emperor's aim and what the Roman people hoped for too. A solid rule also meant a secure future for them.

SH Coins like these were therefore often issued at the very beginning of each emperor's reign. The inscription °VOT V MVLT X° is a promise from the emperor to rule for five and then another ten years. This invocation of the future often remained an empty promise, as in Jovian's case – he only ruled for a few months.

SST The false promises for the future of asbestos lasted longer than that! Its fibrous crystals, such as this riebeckite and chrysotile from the Earth Sciences Collection, were hailed as the miracle material of the future for a very long time. Up until 50 years ago, its use was still very popular in many areas: as fiber cement, for roofing and house cladding, in fire protection, in flooring and roofing felt, in electrical appliances, in tile adhesives and toothpaste... The harmful effects on health were already discovered around 1900 and in 1943, lung cancer caused by exposure to asbestos was recognized as an occupational disease. However, its general manufacture and use were only prohibited in Germany in 1993.

AMH So here we have futures that once seemed promising, but turned out to be false very quickly. Are there any objects in the collections that portray the future as °fantastical°?

FG In the Library for Children's and Young Adult Literature Research, there's even an object that supposedly comes from the future. 1,000 years after the invention of the printing press in the year 2440, a book of stories – fairytales? – from days gone by is published: the *Future Fairy Tales* partly work in a similar way to found-footage material, but in a science-fiction context and, 400 years after our own time, give us a vision of today and the eras immediately after it. Once upon a time, it was... our present. The Earth has changed, the consequences for humanity were severe – but there are still fairytales that function as a civilizing narrative constant.

JB In advertising collection albums, in contrast, which can be found in the *Picturing History Atlas,* we can see what was considered a fantastic future only a few years ago – some things are reality today, others (fortunately) are not. For example, a fantastical future from the album *Wunder der Technik in Gegenwart und Zukunft* (Miracles of Technology Now and in Future). Nothing less than a massive penetration of the Earth's crust would have been required to turn the theoretically calculated shortest distance between Lisbon and Paris, for example, into a real transport route with the °Erdsehnen-Expreß° (Earth Chord Express). The last series of the album, which was published in 1934, sums up what becomes obvious as you leaf through the miracles of technology of the present and the future they imagined then. No effort or intervention is too great; there are no limits.

JM There's also a photograph from the same time that was taken on the Himmelheber Expedition to the Ivory Coast, which is now in the Ethnographic Pictorial Archive at the Frobenius Institute: thinking about the future makes us feel insecure, especially in times with lots of upheaval. In order to prepare for future developments, people often fall back on different strategies, such as oracles and divination. One fascinating example of this is the Baoulé mouse oracle from West Africa: little sticks are put into a container, into which a live mouse is also placed. The container is closed and the mouse jumbles up the sticks. The new arrangement of the sticks is supposed to tell the future.

werden in ein Gefäß gelegt, in das eine lebende Maus gesetzt wird. Das Gefäß wird verschlossen, und die Maus bringt die Stäbchen durcheinander. Die neue Anordnung soll die Zukunft vorhersagen.

AMH Frag doch mal die Maus. Oder besser das Mausorakel. Die Fotografie zeigt also die Praxis, wie Zukunft vorhergesagt wird. Orakel scheinen ja auch so ein zeitloses, weltumspannendes Thema zu sein ...

KS Stimmt – Orakel oder andere zukunftskundige Instanzen. In der mittelalterlich überlieferten nordischen Mythologie fragt der Gott Odin eine Seherin nach der Zukunft und sie prophezeit ihm den Weltuntergang, *Ragnarök*, dem sogar die Götter zum Opfer fallen. Doch soll die Erde nach ihrem Untergang neu erstehen und von den Söhnen der Götter bewohnt werden. In der Edda-Sammlung findet sich Villy Sørensens Göttererzählung *Ragnarök*. Sie ist im Kalten Krieg kurz nach dem NATO-Doppelbeschluss von 1979 in dem Bewusstsein entstanden, dass nach einem atomaren Krieg so eine Wiederentstehung der Erde nicht mehr möglich sein wird. Das zeigt auch Andy Li Jørgensens Titelillustration mit einem Atompilz.

FG Planetare Schicksalsprophezeiungen wie Atomkriege oder Meteoritenschauer sind dystopisches Grundlagenhandwerkszeug. Was jedoch danach passiert, präsentiert der Manga *Das Land der Juwelen*, den wir im Comic-Archiv haben: Die Heimatwelt ist zerstört, im Prozess sind zusätzliche Monde entstanden; überall konnte Leben überleben – und steht nun im Konflikt miteinander. Dass Überleben auch Evolution erfordert, zeigt sich in den geschlechtslosen kristallinen Hauptfiguren, die nur noch dem Körper nach menschlich scheinen.

AMH Die Zukunftsvorstellungen der Objekte aus euren Sammlungen reichen also von utopisch bis apokalyptisch, stammen aus verschiedenen Jahrtausenden und sind teilweise überholt oder ins Gegenteil verkehrt. Ich vermute, dass es noch weit mehr Objekte in den Sammlungen der Goethe-Universität gibt, in denen sich Zukünfte verbergen. Aber die entdecken wir dann in der Zukunft!

Abbildungen

1 Bronzemünze des Kaisers Jovian (363–364 n. Chr.), 3,09 g, 22 mm, geprägt in Sirmium (Sremska Mitrovica). Münzsammlung des Instituts für Archäologische Wissenschaften, Inventarnr. 204a. Foto: George Watson.

2 *Wunder der Technik in Gegenwart und Zukunft*, hrsg. von Aviatik Zigarettenfabrik GmbH Breslau, Bildmaterial und literarische Bearbeitung von H. und B. von Römer, Illustrationen von Carl Diebitsch, 1934.

3 Martin Lippmann (Bildautor): *Das Mausorakel der Baule II*, Vintage Print, 66 x 49,5 cm, Expedition Himmelheber 1935, Elfenbeinküste. Ethnographisches Bildarchiv des Frobenius-Instituts, EBA-B 02563. Sammlung Politische Bildgedächtnisse.

4 Chrysotil, 3,3 x 4,7 x 5,8 cm, Thetford Mines Kanada, und Riebeckit, 7,5 x 3,4 x 3 cm, Cochabamba, Bolivien. Geowissenschaftliche Sammlung, Institut für Geowissenschaften.

AMH Go ask the mouse. Or the mouse oracle. So photography also depicts the practice of telling the future. Oracles seem to be timeless and exist all over the world …

KS True – oracles or other prophetic authorities. In medieval Norse mythology, the god Odin asks a prophetess about the future and she predicts the end of the world, *Ragnarök*, which will even bring about the end of the gods. But after the world has ended, it will be reborn and populated by the sons of the gods. We have Villy Sørensen's tale of the gods, also called *Ragnarök*, in the Edda Collection. It was written during the cold war shortly after the NATO Double-Track Decision of 1979, with the awareness that a rebirth of the Earth like this would no longer be possible after a nuclear war. Andy Li Jørgensen's cover image also illustrates this with an atomic mushroom cloud.

FG Prophecies of the planet's fate like nuclear wars or meteorite showers are the basic tools of dystopia. However, the manga *Das Land der Juwelen* (*Land of the Lustrous*), which we have in the Comic Archive, describes what happens afterwards: the home world has been destroyed and more moons have been created in the process; living beings were able to survive everywhere – but are now in conflict with each other. The genderless crystalline main characters, whose bodies are the only thing about them that appears human, demonstrate the fact that survival also requires evolution.

AMH So, the visions of the future in the objects from your collections range from utopian to apocalyptic, date from different millennia and are sometimes outdated or have turned into their opposite. I suspect there are many more objects in Goethe University collections that have futures hidden inside them. But we'll have to find out in the future!

Images

1 Bronze Emperor Jovian coin (363–364 CE), 3.09 g, 22 mm, minted in Sirmium (Sremska Mitrovica). Coin Collection at the Department for Archaeological Sciences, inventory no. 204a. Photo: George Watson.

2 *Wunder der Technik in Gegenwart und Zukunft* [Miracles of Technology Now and in Future], ed. by Aviatik Cigarette Factory GmbH Breslau, image and literary editing by H. and B. von Römer, illustrations by Carl Diebitsch, 1934.

3 Martin Lippmann (image author): *Das Mausorakel der Baule II* [The Mouse Oracle of the Baoulé III], vintage print, 66 x 49.5 cm, Himmelheber Expedition 1935, Ivory Coast. Ethnographic Pictorial Archive at the Frobenius Institute, EBA-B 02563. Picturing History Atlas Collection.

4 Chrysotile, 3.3 x 47 x 5.8 cm, Thetford Mines Canada, and Riebeckite, 7.5 x 3.4 x 3 cm, Cochabamba, Bolivia. Earth Sciences Collection, Department of Earth Sciences.

1

2

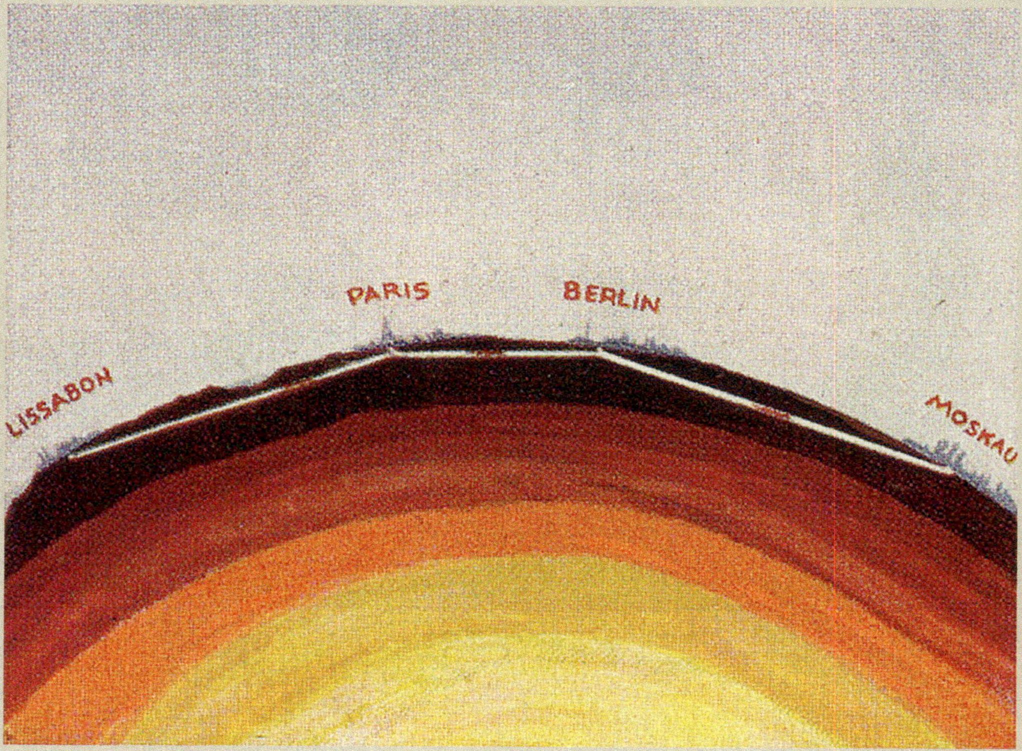

3

4

LD Alternative Zukunftsszenarien können zu einer Aktivierung ihrer Betrachter*innen führen und auf ungerechte Zustände in unserer Gegenwart hinweisen. Angesichts der Wahrnehmung von Ungerechtigkeit kann man sich jedoch auch als unfähig empfinden, etwas zu bewirken. Können wir uns denn überhaupt noch als gesellschaftliches Kollektiv wahrnehmen, welches auch Handlungsmacht hat?

CB Die Frage, wie wir uns als gesellschaftliches Kollektiv mit Handlungsmacht konstituieren können, ist eine spannende Frage. Aber sie hat drei Vorannahmen, die vielleicht wichtiger sind als die Frage an sich. Die erste Vorannahme ist doch: Wer ist eigentlich dieses °Wir°? Also wer ist hier inkludiert, wer ist nicht inkludiert? Die zweite Frage ist: Was ist Handlungsmacht? Das steckt sehr stark in der Vorstellung Westeuropas und auch der Moderne fest, dass wir als Kollektiv – als abgeschottetes Kollektiv – unsere Zukunft gestalten, prägen und bestimmen wollen. Und die dritte Pointe ist doch: Wir müssen auch hinterfragen, inwiefern diese Reklamation von Handlungsmacht und dann auch die tatsächliche Ausübung von Handlungsmacht uns nicht dahin gebracht hat, wo wir momentan stehen, nämlich dass wir sehr stark am eigenen Ast sägen.

MF Wir hier im globalen Norden sind tief in unserer Gesellschaftsordnung verwurzelt. Nicht zuletzt auch deshalb, weil keine räumlichen Kapazitäten für einen Ausstieg aus dem gesellschaftlichen Kontext zu Verfügung stehen. Wir leben in einer Welt, in der man schon beim Einkauf in einer der gängigen Supermarktketten in den Abgrund gerät.

BJ Eine Anregung zur Selbstreflexion über den Grad der Beteiligung ist angebracht. Wir sollten die Schattenseiten unseres Lebensstils gut kennen, um freie Entscheidungen zu Gunsten unserer Nachwelt treffen zu können. Bei *ARAPOLIS, climate, displacement, gambling* ist die Kraft der selbsterfüllenden Prophezeiung von Bedeutung. Wofür sich der Mensch einmal entschieden hat – und sei es nur theoretisch wie hier im Spiel –, verankert sich besser im Bewusstsein.

JE Sicher spielen Gesellschaftsmodelle der Ausbeutung und der Unterdrückung und Herrschaftsverhältnisse eine große Rolle. Und gleichzeitig könnte es spannend sein, zu überlegen, wie sich Wandel nicht allein vom Menschen aus denken lässt. Hierzu sind Kooperationen mit Kolleg*innen interessant, die immer schon auch das Nichtmenschliche und das Unmenschliche mit in den Blick nehmen. Also Klimawandel auch im Hinblick auf eine kolonialismuskritische Perspektive thematisieren und danach fragen, welche Formen der Ausbeutung eigentlich dazu führen, dass wir jetzt so stark auch in anderen Ländern vom Klimawandel betroffen sind. Was ich daran besonders spannend finde, ist, dass, wenn wir anfangen, planetar zu denken und zu handeln, so etwas wie eine °Planetary Awareness° eigentlich entsteht. Und diese Awareness bedeutet: Ich gehe nicht in meinen Alltag und nicht in die Welt, indem ich denke, es ist alles verfügbar. Also wir leben ja sehr stark in der Moderne, in der gedacht wird, die Welt liegt mir zu Füßen und ich kann über sie verfügen. Darin steckt auch eine Machtidee: Der Mensch kann gestalten und macht sich die Welt untertan. Und in dem planetaren Denken wird mit dieser Idee gebrochen, sehr gezielt. Und es wird eher danach gefragt: Wie kann ich als Verwickelte, als verwickeltes Subjekt, als Geflecht das Ganze – eigentlich den Menschen – anders denken oder das Menschliche anders denken, nämlich viel stärker verwoben?

SA Ich verstehe in meiner Doktorarbeit zivilen Ungehorsam als Verfassungsinterpretation, nicht zuletzt, weil sich Aktivist*innen direkt auf die Verfassung beziehen.[1] Zum Beispiel die Letzte Generation, wenn sie schreibt: °Artikel 20a = Leben schützen°. Aber auch darüber hinaus zeigt **ziviler Ungehorsam,** verstanden als Interpretation, auf der einen Seite, dass alles auch anders sein, dass man vermeintlich Selbstverständliches auch anders verstehen kann. Auf der anderen Seite setzt die Verfassung diesen Interpretationen eine Grenze, und zwar den Respekt

Ziviler Ungehorsam

Ziviler Ungehorsam ist eine Form der politischen Partizipation, die in einem symbolischen, aus Gewissensgründen und damit bewusst ausgeübten Verstoß gegen Rechtsnormen oder Gesetze besteht. Er zielt auf die Beseitigung einer wahrgenommenen Unrechtssituation und betont gleichzeitig das Recht der Aktivist*innen auf gesellschaftliche Partizipation. Der Begriff °zivil° suggeriert dabei gewaltfreies Handeln und betont den gesellschaftlichen Kontext.

Vgl. Samira Akbarian: *Recht brechen. Eine Theorie des zivilen Ungehorsams.* München: Beck 2024; Armin Pfahl-Traughber: Die Protestform des zivilen Ungehorsams. Definitionen, Entwicklung, Legitimationsprobleme. In: *bpb,* 09.08.2023. https://www.bpb.de/themen/linksextremismus/dossier-linksextremismus/523756/die-protestform-des-zivilen-ungehorsams/ (Zugriff am 18.12.2024).

Civil disobedience

Civil disobedience is a form of political participation that consists of a symbolic, conscientious, and therefore deliberate violation of legal regulations or laws. Its aim is to rectify a situation of perceived injustice and at the same time highlights the right of the activist to participate in society. The term °civil° also suggests nonviolent action and emphasizes the societal context.

Cf. Samira Akbarian: *Recht brechen. Eine Theorie des zivilen Ungehorsams.* Munich: Beck 2024; Armin Pfahl-Traughber: Die Protestform des zivilen Ungehorsams. Definitionen, Entwicklung, Legitimationsprobleme. In: *bpb*, August 9, 2023. https://www.bpb.de/themen/linksextremismus/dossier-linksextremismus/523756/die-protestform-des-zivilen-ungehorsams/ (accessed: December 18, 2024).

LD Alternative future scenarios can lead to the recipient becoming active and point out unjust conditions in our present. However, when we perceive injustice, we might also feel incapable of doing anything that will have an effect. Can we still see ourselves as a social collective with agency at all?

CB The question of how we can constitute ourselves as a social collective with agency is a very interesting question. But it has three presuppositions, which might be more important than the question itself. The first assumption is: who is this °we° anyway? So, who's being included here, who's not being included? The second question is: what is agency? It very much originates from the Western European and modern idea that as a collective – as a closed collective – we want to shape, define, and determine our future. And the third point is: we also have to question to what extent this complaint about agency and actually exercising agency might in fact have got us to where we are now in the first place, namely that we're very much sawing at the branch we're sitting on.

MF Here in the Global North, we're deeply rooted in our own social order. Not least also because there isn't any spatial capacity available that would allow us to exit this social context. We live in a world where even going shopping in a standard supermarket chain can send you into the depths of human misery.

BJ Stimulating a bit of critical self-reflection about how much we participate is appropriate. We should know the dark side of our lifestyle very well, so we can make decisions for the benefit of the world we leave behind. In *ARAPOLIS, climate, displacement, gambling*, the power of the self-fulfilling prophecy is significant. Once people have decided for something – even if it's only theoretically like here in this game – it's more easily anchored in their consciousness.

JE Societal models of exploitation and oppression, and power relations, definitely play a big role. And at the same time, it could be very interesting to think about how change might be considered from a perspective that isn't solely human. Working in cooperation with colleagues who always already take the non-human and the inhuman into account is very interesting in this regard. So, thinking about climate change while also considering perspectives critical of colonialism and then asking what forms of exploitation actually led to us being so affected by climate change, especially in certain countries. What I find especially interesting about this is that when we start thinking and acting in planetary terms, we develop a kind of °planetary awareness°. And this awareness means: I don't go out into everyday life, into the world, thinking everything is available. So, we very much live in the age of modernity, which makes us think: the world is at my feet and I can use it as I please. That implies a concept of power too: humans can shape the world and subjugate it to them. And this planetary thinking breaks with this idea, in a very deliberate way. And then we're more likely to ask: how can I, as someone who's part of all this, as a subject that's part of all this, a web, think about the whole – actually human beings – differently or think about what it means to be human in a different way, namely much more interconnected with everything?

SA In my doctoral thesis, I understand **civil disobedience** as an interpretation of the constitution, not least because activists refer explicitly to the constitution.[1] For example, the Letzte Generation (Last Generation), when they write: °Article 20a = protect life.° But furthermore, understood as an interpretation, civil disobedience shows on the one hand that everything can also be different, that things we take for granted can also be understood in a different way. On the other, the constitution places a limit on these interpretations, namely respect for the freedom and equality of all. For me, disobedient protest that positions itself against freedom and equality is no longer legitimate. Disobedience is only °civil° when it respects the limits of freedom and equality with both its means and its

vor der Freiheit und Gleichheit aller. Ungehorsamer Protest, der sich gegen Freiheit und Gleichheit stellt, ist für mich nicht mehr legitim. °Zivil° ist Ungehorsam nur dann, wenn er sowohl in seinen Zwecken als auch in seinen Mitteln die Grenze von Freiheit und Gleichheit respektiert. Das kann ich auch an einem Beispiel verdeutlichen: Wenn sich Menschen auf die Straße setzen, um zu protestieren, dann setzen sie ihre eigene Verletzlichkeit ein. Das kann natürlich weit gehen und ein starker Eingriff sein. Aber er respektiert die Freiheit und Gleichheit der anderen. Dass der Protest den öffentlichen Raum stört, ist ein notwendiges Mittel, um ihn wirklich sichtbar zu machen. Es ist aber etwas anderes, wenn sich Menschen mit einem Traktor auf die Straße stellen. Hier wird nicht die eigene Verletzlichkeit eingesetzt. Denn ein Traktor hat eine viel bedrohlichere Wirkung, er ist noch größer, noch stärker, noch lauter als ein Auto.

LD Seht ihr euch auch als Klimaaktivist*innen?

BJ Nein, wir sind leider nur Künstler*innen. Baltic Raw Org rückt als agierendes Kunstkollektiv Fragen soziokultureller Interaktion(en) in den Vordergrund, indem es beispielsweise Verhandlungsplattformen zu aktuellen Themen entwickelt.

MF Damit gehe ich d'accord. Es ist ein sehr fruchtbares Sujet, zu erforschen, was das Leben ausmacht. Zu versuchen, die Komplexität der Bedingungen zu erkennen, unter denen wir hier sein dürfen. Auch ihre Fragilität zu verstehen und den extrem schmalen Korridor wahrzunehmen, in dem Leben möglich ist.

OR Die Mehrzahl der Künstler*innen arbeitet an Visualisierungsstrategien, an Metaphern zur Erderhitzung. Ich würde das Betätigungsfeld sehr gerne erweitert sehen und für die Beteiligung von Künstler*innen im **Klimaaktivismus** und in den Klimagerechtigkeitsbewegungen plädieren. Geht es in einer künstlerischen Arbeit um den Wunsch nach gesellschaftlicher Veränderung, ist diese wohl am ehesten in Kooperation mit jenen Kräften zu erreichen, die an der Neuorganisation der gesellschaftlichen Ordnung und des Verhältnisses zur Natur arbeiten. Bereits

(Klima-)Aktivismus

Aktivismus kann als °die Neigung zur Aktivität und die Abneigung gegen jede Haltung des passiven Hinnehmens° definiert werden. Klimaaktivismus bezeichnet eine Form der politischen Partizipation, die sich auf den Klima- und Umweltschutz konzentriert. Der Begriff °Klimaaktivist*in° wird auch als Selbstbezeichnung von Menschen verwendet, die sich für den Klimaschutz, insbesondere für die Bekämpfung und Eindämmung des menschengemachten Klimawandels, engagieren, indem sie sich an Kampagnen, Demonstrationen oder Ähnlichem beteiligen.

Karl R. Popper: *Das Elend des Historizismus*. Tübingen: Mohr 1974, S. 7.

Vgl. Klimaaktivistin. In: *DWDS*, 17.12.2021. https://www.dwds.de/wb/Klimaaktivistin; Klimaaktivismus. In: *Klimadiskurs*, o.D. http://www.klimadiskurs.info/def/Klimaaktivismus/ (Zugriffe am 19.12.2024).

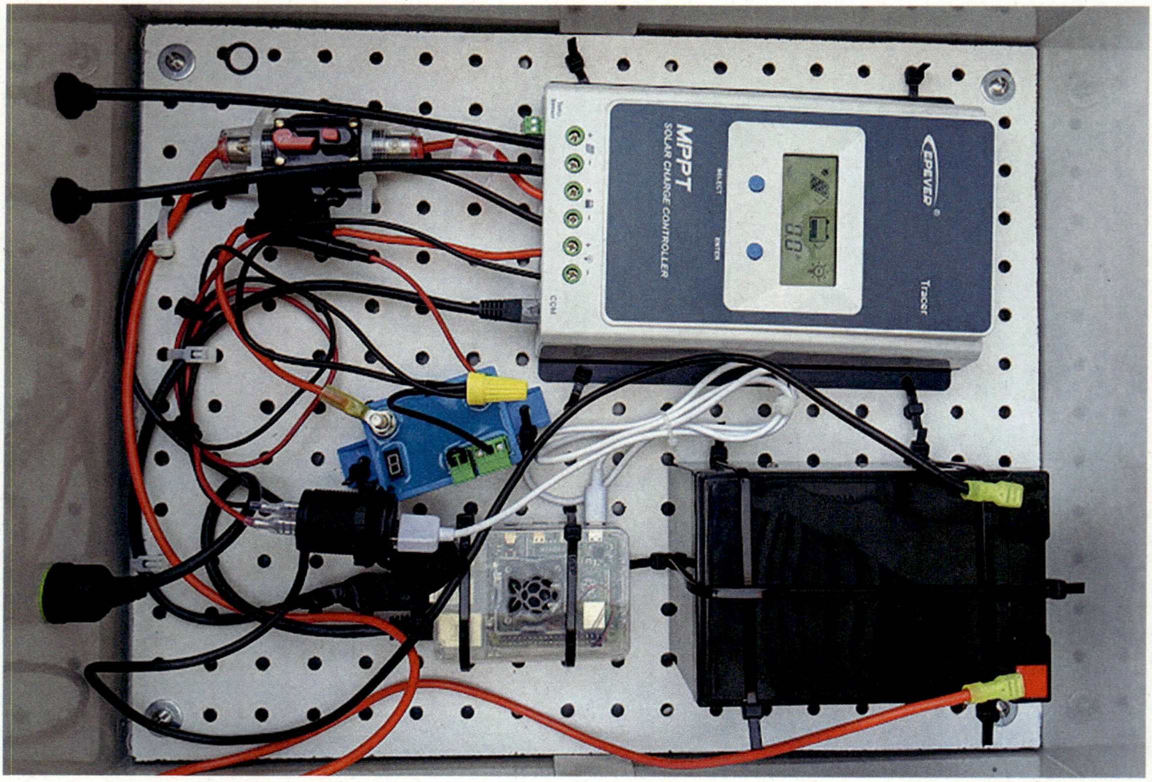

Die elektrischen Bestandteile des Solar-Servers / Solar server electrical components. Tega Brain / Benedetta Piantella / Alex Nathanson / Solar Protocol Collective: *Solar Protocol*, 2023

Caddie Brain beim Anbringen des Mparntwe-Servers / Caddie Brain installing the Mparntwe server. Tega Brain / Benedetta Piantella / Alex Nathanson / Solar Protocol Collective: *Solar Protocol*, 2023

Oliver Ressler: *Carbon and Captivity*, 2020

jetzt gibt es weitgehend unbemerkt von Kunstausstellungen Künstler*innen, die in und mit sozialen Bewegungen arbeiten und die Bewegungen als Material begreifen, mit dem sie arbeiten. Neben dem eher °klassischen° Ansatz, dass Künstler*innen für die Gestaltung der Plakate und Banner verantwortlich zeichnen, gibt es auch Künstler*innen, die sich in die Mobilisierung einmischen, die Bewegung über die Herstellung von Allianzen verbreitern, über visuelle Strategien die Sichtbarkeit erhöhen oder Infrastruktur für Klimaaktivismus aufbauen.

ends. Let me illustrate this with an example: when people sit down on the street to protest, they're using their own vulnerability. Of course, sometimes that can be taken quite far and be quite a strong intervention. But it respects the freedom and equality of others. The fact that the protest disrupts public space is a necessary means to really make it visible. But it's something else when people block the street with a tractor. They're not using their own vulnerability. Because a tractor can appear threatening, it's much bigger, even stronger, even louder than a car.

Solarmodul auf einem Dach in Queens, New York / Solar panel installed on roof in Queens, New York. Tega Brain / Benedetta Piantella / Alex Nathanson / Solar Protocol Collective: *Solar Protocol*, 2023

Graham Wilfred jr. beim Zusammenbauen des Mparntwe-Servers / Graham Wilfred Jr assembling the Mparntwe server. Tega Brain / Benedetta Piantella / Alex Nathanson / Solar Protocol Collective: *Solar Protocol*, 2023

(Climate) Activism

Activism can be defined as the °the tendency to be active and the aversion to any attitude of passive acquiescence °. Climate activism denotes a form of political participation that is focused on the climate and environmental protection. The term °climate activist° is also used as a self-description by people who take action for climate protection, in particular to demand action to be taken in combating and mitigating manmade climate change, by taking part in campaigns, demonstrations, or similar.

Karl R. Popper: *Das Elend des Historizismus*. Tübingen: Mohr 1974, p. 7.

Cf. Klimaaktivistin. In: *DWDS*, December 17, 2021. https://www.dwds.de/wb/Klimaaktivistin; Klimaaktivismus. In: Klimadiskurs, n.d. http://www.klimadiskurs.info/def/Klimaaktivismus/ (accessed: December 19, 2024).

LD Do you see yourselves as climate activists too?

BJ No, unfortunately we're only artists. Acting as an art collective, Baltic Raw Org focuses on questions of sociocultural interaction(s), by for example developing platforms on which to negotiate current issues.

MF I agree with that. It's a very fruitful subject, to research what makes life what it is. To try to see the complexity of the conditions under which we're permitted to be here. And to understand their fragility and the extremely narrow corridor in which life is possible.

OR The majority of artists work on visualization strategies, on metaphors about global warming. I'd really like to see a wider field of action here and wish that more artists would get involved in **climate activism** and the climate justice movement. If there's a wish for social change in an artist's work, then this will most likely be achieved in cooperation with those forces actually working for the reorganization of the social order and our relationship to nature. There are already artists working in and with social movements, largely unnoticed by art exhibitions, and who understand those movements as material that they work with. Besides the °classic° approach, that artists take the responsibility to draw for the design of the posters and banners, there are also artists who are involved in mobilizing people, who spread these movements by creating alliances, increase visibility using visual strategies, or build up infrastructure for climate activism.

JC I would see myself as a climate activist. Maybe not as someone who glues themselves to the street, but more as someone who tries to enter into dialog, who keeps pointing out the problem, and who tries to make progress through raising awareness, lectures, and discussions. I think that's important too, really important, because climate protection will only succeed if really very broad sections of the population are also convinced that these are the right steps to

JC Ich würde mich auch als Klimaaktivist begreifen. Vielleicht eben nicht als jemand, der sich auf die Straße klebt, sondern eher als jemand, der versucht, in den Dialog zu gehen, der auf das Problem immer wieder hinweist und über Aufklärung, Vorträge und Diskussionen voranzukommen versucht. Ich glaube auch, dass das ganz wichtig ist, weil Klimaschutz nur dann gelingt, wenn wirklich die ganz breite Bevölkerung auch überzeugt ist, dass das die richtigen Schritte sind. Sonst funktioniert das Ganze nicht, denn alle müssen die Emissionen mindern. Nur dann wird wirklich der Erfolg erzielt, den wir brauchen. Und dementsprechend würde ich sagen: Aktivismus ja, aber eben in die Richtung, alle mitzunehmen und das zu tun, was erforderlich ist.

TB *Solar Protocol* hat insofern eine aktivistische Dimension, als es eine andere Art der Gestaltung des Digitalen aufzeigt, die weniger ausbeuterisch und mehr an den begrenzten Ressourcen des Planeten ausgerichtet ist. Es gibt eine ganze Reihe solcher inspirierender kleiner Computingverfahren, das sogenannte Permacomputing, welche die Grundideen der Permakultur auf die Computertechnik übertragen. Ich beteilige mich ab und zu am Klimaaktivismus, würde aber nicht sagen, dass dieses Projekt expliziter Klimaaktivismus ist, obwohl wir daran interessiert sind, mit Klimaaktivist*innen zusammenzuarbeiten und ihre wichtige Arbeit zu unterstützen.

1 Samira Akbarian: *Recht brechen. Eine Theorie des zivilen Ungehorsams.* München: Beck 2024.

Oliver Ressler: *Storage Block*, 2024

take. Otherwise the whole thing won't work, because everyone has to reduce their emissions. Only then can we really achieve the success we need. And that's why I'd say: activism yes, but we have to do it in a way that reaches everyone, and do what's necessary.

TB *Solar Protocol* has an activist dimension in that it shows a different way of designing the digital that's less extractive and more based on limited planetary resources. There's a whole raft of inspiring small computing practices like this called permacomputing that take the principles of permaculture and apply them to computing. I participate in climate activism sometimes, but I wouldn't say this project is explicitly a climate activist project, although we are interested in working with and supporting the crucial work of climate activists.

1 Samira Akbarian: *Recht brechen. Eine Theorie des zivilen Ungehorsams.* Munich: Beck 2024.

Aufbau des Servers in Queens, New York / Installation of server in Queens, New York. Tega Brain / Benedetta Piantella / Alex Nathanson / Solar Protocol Collective: *Solar Protocol*, 2023

Zukünfte zwischen digitalem Raum und Umweltraum *Tizian Holzbach, Steven Gonzalez Monserrate, Joachim Curtius, Gwenola Wagon, Christoph Burchard, Tega Brain*

THO Wir leben in einem Netzwerk aus Räumen, die ineinander verschachtelt sind. Als Akteur*innen agieren wir im sozialen Raum, der durchdrungen ist von politischen und ökonomischen Räumen.[1] In dieses Netz von Räumen eingeflochten ist der digitale Raum. Hier wird der soziale Raum mitgeformt. Zugleich dehnt sich der digitale Raum durch seine Energieintensität immer mehr innerhalb des Umweltraums aus, der die Grenzen der Nutzung unseres planetaren Raums markiert. Der digitale Raum verbraucht durch seine Produktionsketten und technischen Infrastrukturen weltweit enorme Ressourcen. An vielen Orten sind Datenzentren als Architekturen des digitalen Raums Städten und Landschaften mehr oder weniger latent eingeschrieben. Warum ist es dennoch so schwer greifbar, dass der digitale Raum, die Cloud, kausal mit unserer physischen Umwelt verbunden ist?

SGM Ich untersuche die Datenspeicherung. Und für mich ist Datenspeicherung ein wirklich wichtiger Punkt in unserem Leben, dessen sich viele gar nicht bewusst sind. Die vielen Infrastrukturen, die im Einklang miteinander dafür sorgen, die Informationen, die wir tagtäglich benutzen und auf die wir angewiesen sind, zu speichern. Und daher bin ich sehr an Rechensystemen interessiert und den Möglichkeiten, wie Informationen in Datensystemen gespeichert sind. Sie sind entfernt von uns, aber wir verlassen uns ständig auf sie. Und ich denke, um sich die Dimension dieser Infrastrukturen vorstellen zu können, müssen wir wirklich eine science-fiction-mäßige Sensibilität haben. Oder? Denn es gibt auf der ganzen Welt so viele dieser Datenzentren und sie sind fast so etwas wie mit Computern gefüllte Lagerhallen. Und ein Großteil der breiten Öffentlichkeit versteht nicht so wirklich, wie sie funktionieren.

JC Der Begriff der °Cloud°, was ja auf Deutsch Wolke bedeutet, kommt auch daher, dass eine Cloud genauso schwer greifbar ist wie eine Wolke in der Natur. Wenn man da ist und es packen möchte, dann hat man eigentlich nichts in der Hand, und es ist schwer zu beschreiben. Bin ich jetzt in der Wolke, bin ich außerhalb? Genauso ist es eben auch mit den realen Wolken.

THO Dabei dehnt sich der digitale Raum im Umweltraum aus, denn jeder Server, jedes Datenzentrum als physische Architektur der Cloud verbraucht Ressourcen. In deinem Artikel °The Weight of the Cloud° für *YES!* schreibst du, Steven, zum Beispiel, dass ein durchschnittliches Datenzentrum am Tag so viel Wasser verbraucht wie 30.000 bis 50.000 Menschen.[2]

SGM Als Infrastrukturen sind Datenzentren unglaublich wichtig für unser tägliches Leben und die Pandemie hat dies für viele Menschen äußerst klar gemacht, die online arbeiten mussten oder über die Online-Infrastrukturen, die uns zur Verfügung stehen, miteinander verbunden waren. Aber ja, diese Einrichtungen und selbst ein einzelnes Datenzentrum kann so viel Strom und Wasser wie eine Kleinstadt verbrauchen.

THO Gwenola, in deiner Videoarbeit *Chroniques du Soleil Noir* setzt du dich damit auseinander, wie Menschen Bilder konsumieren und wie hoch gleichzeitig der Energiekonsum von Bildern ist, was insbesondere mit der Faszination für die Nutzung von KI eng verbunden scheint. Dabei steht die Energieintensität des digitalen Raums für dich in direkter Verbindung mit dem Bild von Umwelt und Umweltraum, das in **Künstlichen Neuronalen Netzwerken** entsteht.

GW Mit generativer KI können wir diese Verschiebungen, Brände, Überschwemmungen und Stürme visualisieren, während wir sie gleichzeitig nicht sehen. Sie sind eigentlich mehrdeutig, sobald wir sie mit der ökologischen Krise in Verbindung bringen. Da KI-Bilder sich als ein solches präsentieren, machen sie den Energieverbrauch zu einem Spektakel, so wie die Fernsehübertragung eines Autorennens. Sind Bilder Pyromanen? Diese Frage stelle ich in diesem Film und in dem Buch *Les Images Pyromanes. Théorie-fiction des images génératives,* das

Künstliche Neuronale Netzwerke

Künstliche Neuronale Netzwerke sind die Grundlage für maschinelles Deep Learning und damit für Künstliche Intelligenz. Das Prinzip ist dabei angelehnt an das neuronale Netzwerk des menschlichen Gehirns. Künstliche Neuronen werden in mehreren Schichten (daher °Deep Learning°) zu einem neuronalen Netzwerk zusammengeschlossen. So ist dieses Netzwerk in der Lage, selbstständig zu lernen, wofür es zunächst auf die Auswertung von Trainingsdaten angewiesen ist. Dadurch können Künstliche Neuronale Netzwerke hochkomplexe Zusammenhänge beschreiben und einsetzen, die mit einem Code kaum zu erfassen wären.

THO We live in a network of spaces that overlap with each other. As actors, we operate in a social space that's permeated by political and economic spaces.[1] Digital space is interwoven into this web of spaces. Social space is partly shaped there too. At the same time, due to its intense consumption of energy, digital space continues to extend further into environmental space, which marks the limits of the use of our planetary space. Digital space uses up enormous amounts of resources across the world through its production chains and technical infrastructure. In many places, data centers are more or less latently inscribed into cities and landscapes as architectures of digital space. So why is it still so hard to grasp that digital space, the cloud, is causally linked to our physical environment?

SGM I study data storage. And for me, data storage is a really important aspect of our lives that many of us aren't aware of. The many infrastructures that work in concert to store the information that we use and rely upon every day. And so I've been really interested in computation and the ways that this information is stored in data centers. They're remote from us, but we rely on them constantly. And I think to be able to imagine the scale of these infrastructures, we really have to have a sort of science- fictional sensibility. Right? Because there are so many of these data centers all over the world and they're places almost like warehouses filled with computers. And most of the general public doesn't really understand how they work.

JC The word °cloud° also comes from the fact that the cloud is just as hard to grasp as a cloud in nature. If you're there and you want to grab it, you actually have nothing in your hand, and it's hard to describe. Am I in the cloud now, or outside of it? It's just like that with real clouds.

Gwenola Wagon: *Chronicles of the Dark Sun – Janssen Observatory Mont Blanc*, 2023

Screenshot von *Peckish* von Kristin Lucas und Joe Mckay / Screen cap of *Peckish* by Kristin Screen and Joe Mckay, 2023. Abrufbar unter / Available on https://www.solarprotocol.net/sunthinking/mckay-lucas/live.html

ich zusammen mit Pierre Cassou-Noguès veröffentliche.[3] Wir sprechen von Pyropictomanie, also von der Lust an Bildern der Energieverschwendung.

THO Dieser verschwenderische Umgang mit Ressourcen zeigt sich nicht nur in der Bildgenerierung, sondern auch in den Produktionsketten der Endgeräte, mit denen wir Nutzer*innen Teil des Netzwerks verschachtelter soziodigitaler Räume werden.

SGM In Datenzentren arbeitet meist ungefähr ein Dutzend Menschen und sie verbrauchen diese riesigen Mengen an Ressourcen. Und die digitalen Geräte, die diese Daten erzeugen, haben außerdem eine sehr kurze Lebensdauer. Also die Server, die Handys in unseren Taschen, nicht wahr? Die Lebensdauer dieser Dinge ist sehr gering. Und auch die verwendeten Materialien, um sie herzustellen, aber auch wo sie landen, wenn sie nicht mehr funktionieren.

THO Der digitale Raum interferiert also sowohl durch den Betrieb von Servern und Datenzentren als auch durch die Produktion der Geräte für uns Nutzer*innen mit dem Umweltraum. Hinsichtlich Produktion, Produktionsbedingungen und Entsorgung sollten wir den Blick aber auch auf die Verschneidung mit dem soziopolitischen Raum richten und die Frage stellen, inwiefern die extraktiv-kapitalistische Produktion des digitalen Raums historische Hegemonien und Strukturen von Macht und Ausbeutung reproduziert.

SGM Mit all dem sind hohe Kosten für die Umwelt verbunden. Und auch politische Kosten. Wenn es um die Arbeitsbedingungen der Menschen geht, die diese Geräte zusammenbauen und die Mineralien und Ressourcen beschaffen, um sie herzustellen. Daher ist es extrem wichtig, dass wir anders darüber nachdenken, wie wir all dies angehen, denn bis vor Kurzem waren diese Datenzentren und die Industrie, die sie betreibt, größtenteils selbstreguliert. Es gab nur sehr wenige durchgreifende Regulierungsversuche oder -maßnahmen in den letzten 20 Jahren. Es scheint mir also extrem wichtig, dass wir eine widerstandsfähige Regulierungsstrategie entwickeln und über neue Technologien nachdenken, mit denen wir Daten vielleicht viel effizienter speichern könnten, und über neuartige Designs. Also nicht nur in Bezug auf die Technologie, sondern auch auf die Praktiken, zum Beispiel, wie

Artificial neural networks

Artificial neural networks are the basis of machine deep learning and therefore of artificial intelligence. The principle is based on the neural networks in human brains. Artificial neurons are linked up in several layers (hence °deep learning°) to form a neural network. Thus, this network is capable of learning independently, although it is dependent on the analysis of training data at first. This means that artificial neural networks can describe and implement highly complex relationships that would be almost impossible to grasp with code.

THO Digital space is also expanding into environmental space, because every server, every data center, as the physical architecture of the cloud, consumes resources. In your article °The Weight of the Cloud° for *YES!,* Steven, you write about how for example the average data center consumes as much water in a day as 30,000 to 50,000 people.[2]

SGM So as infrastructures, data centers are incredibly important to our daily lives and the pandemic made this abundantly clear for many people who had to work online or be connected to each other through the online infrastructures that are available to us. But yes, these facilities, even a single data center can consume as much electricity and water as a small city.

THO Gwenola, in your video piece *Chronicles of the Dark Sun,* you look at how people consume images and how high the energy consumption of images is at the same time, which seems to be especially closely linked to people's fascination with using AI. For you the intense energy consumption of digital space is also directly linked to the image of the environment and environmental space that is created in **artificial neural networks.**

GW Generative AI allows us to visualize these displacements, fires, floods, and storms, while at the same time not seeing them. They're basically ambiguous as soon as we associate them with the environmental crisis. Since they present themselves as such, AI images make a spectacle of energy consumption, like the televised broadcast of a motor race. Are images pyromaniacs? That's what I ask in the film and book, *Les Images Pyromanes. Théorie-fiction des images génératives,* which I'm publishing with Pierre Cassou-Noguès.[3] We talk about pyropictomania, or the pleasure of images of energy dissipation.

THO The wasteful way of handling resources isn't only evident in image generation, but also in the production chains of the end devices with which we users become part of the network of overlapping socio-digital spaces.

SGM Data centers are usually staffed by maybe a dozen people and consume these vast quantities of resources. And the digital devices that make up this data also have very short lifespans. So the servers, the phones in your pockets. Right? These things have lifespans that are very short. And the materials that were used to make them, but also where they end up when they are expired.

THO So digital space intervenes in environmental space through both the operation of servers and data centers and the manufacture of devices for us users. However, in terms of production, production conditions, and disposal, we should also take a look at the intersection with socio-political space and ask to what extent the extractivist, capitalist production of digital space is reproducing historical hegemonies and structures of power and exploitation.

SGM There's an environmental cost to all of this, right? And it's also a political cost. In terms of the working conditions of the people who assemble these devices and procure the minerals and resources to make them. So it's incredibly important for us to think differently about how we're doing this, because these data centers and the industry that has run them has been largely self-regulated up until very recently. There have been very few sweeping regulatory advances or measures in the last 20 years. So it strikes me as incredibly important for us to develop robust regulation and to think about novel technologies that might be used to maybe store information more efficiently and new kinds of designs. So, not just the technology, but also the practices as well, like how are the data centers run? Human beings run these places. And the behavior of those human beings can be modified. It's not natural. It's not destiny. Design is not destiny.

THO Where does apparently unlimited digital space collide with the state? Is it even *one* space at all or an architecture with many spaces instead?

CB My answer would be: it's somehow everywhere. At least here. Maybe not in other places. Here in Western Europe, digital space is somehow omnipresent. We live in an almost post-digital world already, because it's the absence, the non-existence of the digital that actually makes us notice how strongly

Gwenola Wagon: *Chronicles of the Dark Sun – Child*, 2023

Datenzentren betrieben werden. Menschen betreiben diese Orte. Und das Verhalten dieser Menschen kann verändert werden. Es ist nicht naturgegeben. Es ist nicht vorherbestimmt. Design ist kein Schicksal.

THO Wo trifft denn der scheinbar unbegrenzte digitale Raum auf Staatlichkeit? Ist er überhaupt ein Raum oder vielmehr eine Architektur mit vielen Räumen?

CB Ich würde darauf antworten: Irgendwie überall. Zumindest hier. An anderen Stellen vielleicht nicht. Hier in Westeuropa ist der digitale Raum irgendwie allgegenwärtig. Wir leben fast schon in einer postdigitalen Konstellation, weil erst die Absenz, das Nichtvorhandensein des Digitalen uns bemerken lässt, wie stark wir bereits auf das Digitale angewiesen sind. Und da merken wir, wie sehr wir schon im Digitalen angekommen sind. Aber zwei Abers: zum einen, das ist der westeuropäische Blick. Der sollte nicht verallgemeinert werden. Das Internet ist lange schon kein World Wide Web mehr. Es gibt viele Internetgroßräume. Denken Sie an China, denken Sie an Russland und dergleichen mehr, in denen quasi abgeschottete Räume bestehen. Das Digitale trifft hier tatsächlich auf andere Konstellationen. Und denken Sie auch daran, dass der westeuropäische Blick nicht den Blick darauf verstellen darf, dass in vielen Regionen dieses Planeten große Teile der Bevölkerung eben noch nicht dort angelangt sind, wo wir stehen. Das Digitale also noch lange nicht zum Postdigitalen erstarkt ist.

SGM Die Datenspeicherindustrie hat letztlich das Problem geschaffen, das sie nun vorgibt, zu lösen. Deswegen müssen wir um die Zukunft besorgten Wissenschaftler*innen, Journalist*innen, Mitglieder der Öffentlichkeit, Umweltaktivist*innen usw. mehr Forderungen an diese Industrie stellen und um dies zu tun, müssen wir verstehen, wie sie funktioniert. Seit so langer Zeit wissen wir nicht, wie sie funktioniert. Ich denke, es ist für die meisten von uns einfach, sich vorzustellen, dass das Datenspeicherungssystem, das wir heute haben, sehr effizient ist und so etwas wie das Beste, das es bisher in der Menschheitsgeschichte gab. Aber wenn man die digitale Datenspeicherung zum Beispiel mittels SSD-Laufwerk mal wirklich mit früheren Speicherformen vergleicht, also analogen Speichersystemen wie zum Beispiel sogar Keilschrifttafeln, mit Schreibgriffeln beschriebene Tontafeln, dann wurden diese Steuerabrechnungen vor ungefähr 6.000 Jahren eingeritzt. Heute können wir sie immer noch lesen. Unterdessen fängt der SSD- oder HDD-Speicher,

Gwenola Wagon: *Chronicles of the Dark Sun – Meudon*, 2023

Bit Rot

A °bit° (short for °binary digit°) is the smallest unit of digital information. °Bit rot° describes the decay of digital data on storage media, such as hard drives. The impermanence of digital data is due to the physical constitution of the storage media. Material deterioration, wear and tear, or high temperatures can thus lead to the loss of digital information over time.

Glitch

A glitch means a visible malfunction in digital systems. These malfunctions can be caused by bugs in the graphics system or image generation problems, but also by damaged hardware, such as a damaged display. In these brief, occasionally longer moments of malfunction, glitches can often give us a glimpse of the usually hidden structures of digital systems and the way they function.

dependent on it we already are. And then we realize how much we've already arrived in the digital. But two buts: first, that's the Western European view. It shouldn't be generalized. The internet isn't a world wide web anymore. There are many areas of the internet. Think of China, think of Russia and so on, where there are basically closed off spaces. Here the digital truly does collide with other structures. And also think about the fact that our Western European perspective mustn't stop us from seeing that, in many regions on this planet, large parts of the population haven't gotten to where we are yet. In other words, the digital hasn't grown into the post-digital yet.

SGM The data center industry has basically created the problem that it now purports to solve. And so that means that we as scholars, as journalists, as members of the public who are concerned about our future, and as environmental activists and so on, need to make more demands of this industry and in order to do that, we have to understand how it works. And for so long we haven't understood how it works. I think that it's easy for most of us to think that the system of data storage we have today is very efficient or represents some sort of pinnacle of what previously existed in human history. But if you really compare digital data storage in something like a solid-state drive to earlier forms of storage, analog storage systems, like even cuneiform tablets, which were tablets made of clay with a reed stylus, these tax ledgers were etched about 6,000 years ago. We can still read those. Meanwhile, the solid-state drive that you have, or the HDD drive, will start to decay through a process known as **bit rot** within a decade or even sooner. So by these measures, by the measures of human history, our digital storage system is actually not very durable. It's actually incredibly fragile.

THO *Chronicles of the Dark Sun* addresses precisely this fragility visually. It's about **glitches** and how images change and become distorted. This happens in artificial neural networks that are marked by °transparency asymmetry°,[4] but in our memories too. What role do images and their altering over time play in the production of *Chronicles of the Dark Sun,* and for social space and our understanding of reality?

GW Insofar as they present themselves as products, images hold up a mirror to their mode of production. I use generative images produced by AI neural networks to recreate images from *Les Catastrophes,* as well as shots of

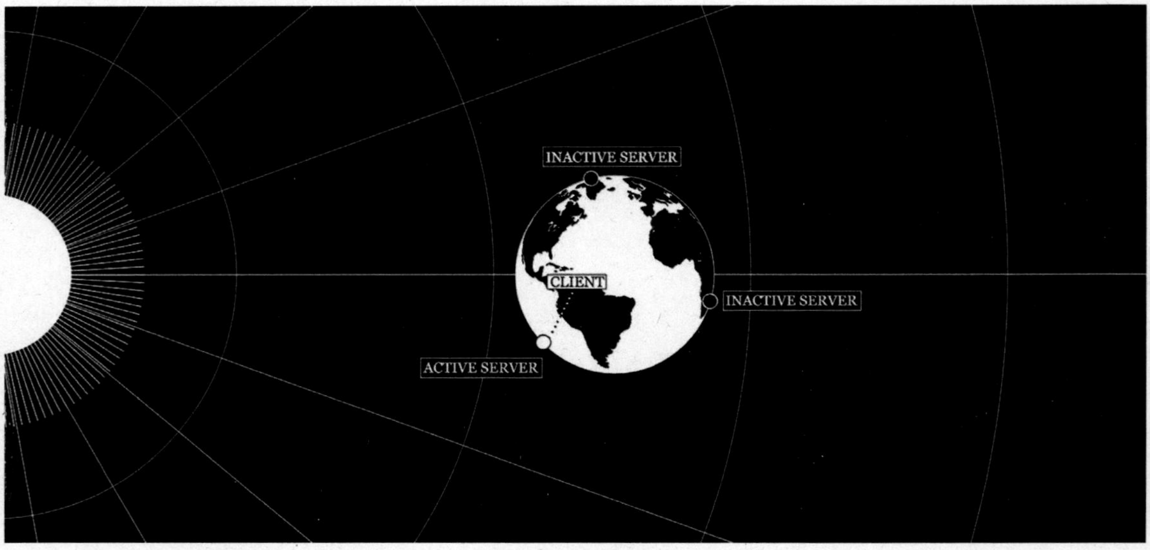

Projektillustration / Project illustration. Tega Brain / Benedetta Piantella / Alex Nathanson / Solar Protocol Collective: *Solar Protocol*, 2023

den wir heute verwenden, schon innerhalb eines Jahrzehnts oder sogar früher an, durch den Prozess des **Bit Rot** zu verschleißen. Also daran gemessen, gemessen an der Menschheitsgeschichte, ist unser digitales Speichersystem igentlich nicht sehr beständig. Es ist in Wahrheit unglaublich fragil.

THO *Chroniques du Soleil Noir* greift genau diese Fragilität visuell auf. Es geht um **Glitches** und die Veränderung und Verzerrung von Bildern. Dies geschieht sowohl in von °Transparenzasymmetrie°[4] geprägten Künstlichen Neuronalen Netzwerken, aber auch in unserer Erinnerung. Welche Rolle spielen Bilder und ihre zeitbezogene Veränderung für die Produktion von *Chroniques du Soleil Noir*, und auch für den sozialen Raum und unser Verständnis von Realität?

GW Indem sich Bilder als Produkte präsentieren, spiegeln sie ihre Produktionsweise wider. Ich verwende generative Bilder von neuronalen KI-Netzwerken, um Bilder aus *Les Catastrophes* und Aufnahmen von Jules Janssens Expeditionen im Stil seiner Zeit nachzuahmen, und mische sie mit meinen eigenen wiederentdeckten Kindheitserinnerungen. Dazu kommen Abweichungen. Die Vergangenheit verzweigt sich, genau wie die Zukunft, und eine Vielzahl an Alternativen vermischt sich. Die KI-Bilder erzeugen, was Pierre und ich °Anarchive° nennen, ein allgemeines Archiv, in dem verschiedene Versionen von Ereignissen, verschiedene Versionen der Realität nebeneinander existieren. Anarchive, oder in anderen Worten: die Möglichkeit, parallele Geschichten in der Vergangenheit und Zukunft zu entwickeln.

SGM Worüber Menschen wie Technolog*innen, Wissenschaftler*innen und andere nachdenken, liegt also in der Zukunft; außerdem sind die ökologischen Kosten der Datenspeicherung auf Servern und Computerservern auf diesen Festplatten erheblich. Eine Menge Strom und Wasser wird benötigt, um die Datenzentren dieser Server zu kühlen. Aber es gibt auch ein Interesse, etwas anderes zu entwickeln, etwas Nachhaltigeres, das eventuell auf einer vollkommen anderen technologischen Infrastruktur basiert.

THO *Solar Protocol* kehrt das Verhältnis von digitalem Raum und Umweltraum um, macht die Reziprozität deutlich, die dieses Verhältnis aus planetarer Perspektive eigentlich definiert, und hinterfragt den °Human-Exzeptionalismus°.[5] Die Arbeit wirft Fragen nach den Ressourcen, dem Lokalen / Globalen und dem Zusammenhang von Klima, Zeit und Raum mit einem Fokus auf Netzwerke auf. Ein Netzwerk im physikalischen Raum ermöglicht das Netzwerk im digitalen Raum. Könnte dies ein Ansatz sein, um in Zukunft mehr Aufmerksamkeit darauf zu lenken, dass der digitale Raum ein Teil des Umweltraums ist? Und welche Rolle spielt natürliche Intelligenz dabei?

Bit Rot

Ein °Bit° (Kurzform von *binary digit*, dt. Binärzahl) ist die kleinste digitale Informationseinheit. Entsprechend der Bedeutung des englischen *rot* (dt. Fäulnis, Verwesung) beschreibt °Bit Rot° also den Verfall von digitalen Daten auf Speichermedien, wie beispielsweise Festplatten. Die Vergänglichkeit digitaler Daten liegt in der physischen Konstitution der Speichermedien begründet. Materielle Abnutzung, Verschleiß oder auch hohe Temperaturen können so mit der Zeit zum Verlust digitaler Informationen führen.

Glitch

Glitch meint die sichtbare Störung digitaler Systeme. Solche Störungen können durch Grafikfehler oder Probleme in der Bildgenerierung auftreten, aber auch durch beschädigte Hardware, etwa ein beschädigtes Display. In diesen kurzen oder auch längeren fehlerhaften Momenten lassen Glitches häufig einen Blick auf die meist verborgenen Strukturen und Funktionsweisen digitaler Systeme zu.

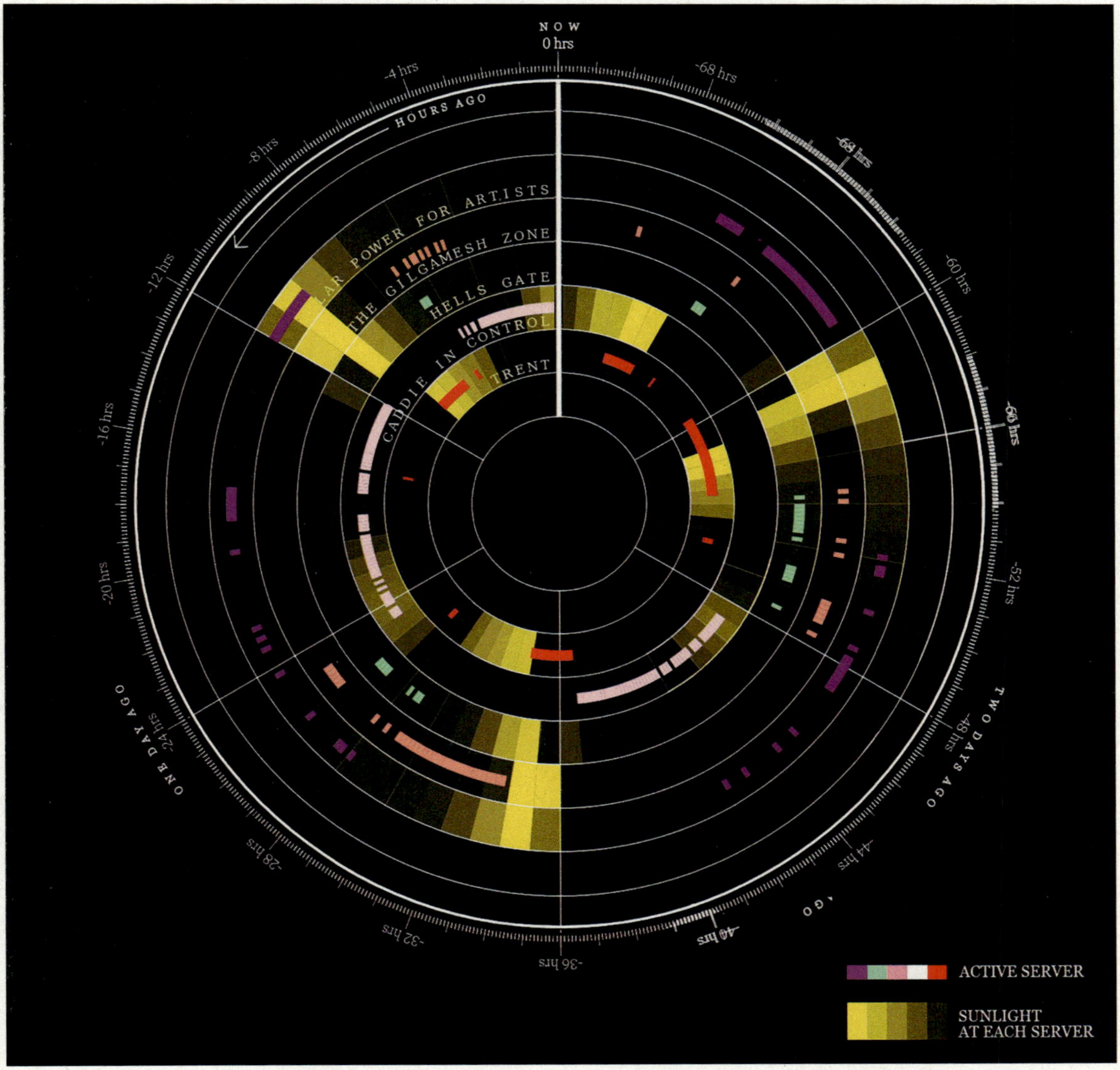

Datenvisualisierung der Netzwerkaktivität / Data visualization of network activity. Tega Brain / Benedetta Piantella / Alex Nathanson / Solar Protocol Collective: *Solar Protocol*, 2023

Jules Janssen's expeditions in the style of his time, which I mix with my own revisited childhood memories. Aberrations are introduced. The past forks, as does the future, and a multitude of alternatives intermingle. The AI images form what Pierre and I call °anarchives°, a generalized archive in which several versions of events, several versions of reality, coexist. Anarchives, in other words, the possibility of creating parallel histories in the past and in the future.

SGM And so what people are thinking about is in the future, technologists, scientists, and others, also the environmental costs of storing information on servers and computer servers on these hard drives is significant, right? There's a lot of electricity and water used to cool the data centers where these servers live. And so there's this interest to explore something different, something more sustainable, perhaps based on a completely different technological infrastructure.

THO *Solar Protocol* turns the relationship between digital space and environmental space upside down, makes the reciprocity that actually defines this relationship from a planetary perspective clear and challenges the idea of °human exceptionalism°.[5] The work raises questions about resources, local / global, and the relationship between climate, time, and space with a focus on

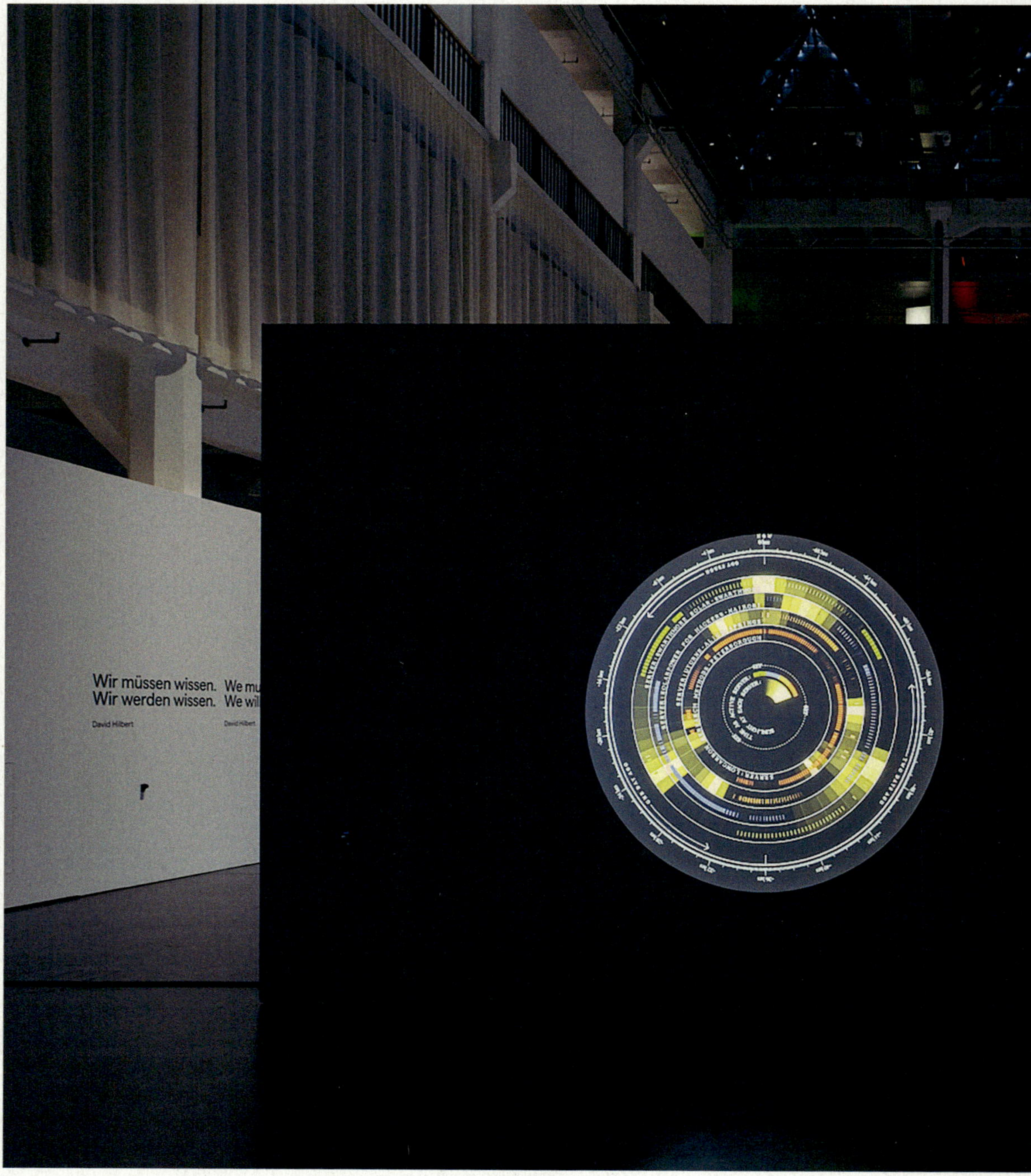

Tega Brain / Benedetta Piantella / Alex Nathanson / Solar Protocol Collective: *Solar Protocol*, 2021–2023

TB Wir wollten noch einen Schritt weiter gehen, als nur Umweltdaten darzustellen, und, dass die Umweltbedingungen im gesamten Netzwerk als eine Art Logik funktionieren oder die Regeln aufstellen, anhand derer Entscheidungsprozesse automatisiert ablaufen. Wir sehen darin ein wichtiges Gegengewicht zum Diskurs und zur Begeisterung über Maschinelles Lernen und zu aktuellen Ansätzen der Automatisierung von Entscheidungen. Anstatt Maschinen zu entwickeln, die das Umweltmanagement automatisieren, wie würde es aussehen, wenn die Umwelt das Management von Maschinen automatisiert? Darin sehen wir eine Form der natürlichen Intelligenz. Es ist ein Versuch, die planetaren Grenzen als eine Logik zu fassen, anhand derer Infrastrukturen entworfen werden.

networks. A network in physical space enables the network in digital space. Could this be an approach that will draw more attention to the fact that digital space is part of environmental space in the future? And what is the role of natural intelligence in this?

TB We also wanted to go one step further than just representing environmental data and have the environmental conditions across the network act as a kind of logic, or create the rules that in turn are used to automate decision making. We see this as an important counter-response to the discourse and excitement around machine learning and current approaches to automating decisions. Rather than developing machines to automate environmental management, what would

Gwenola Wagon: *Chronicles of the Dark Sun – Janssen Observatory Mont Blanc*, 2023

THO *Chroniques du Soleil Noir* zeichnet eine eben solche Dystopie, in der sich die Menschen angesichts der immer weiter fortgesetzten Automatisierung der Umwelt schließlich mit einer menschgemachten °perpetual eclipse° (dauerhaften Sonnenfinsternis) und einer fast unbewohnbaren Erde konfrontiert sehen. Der digitale Raum ist über die Grenzen des Umweltraums hinausgewachsen.

GW Zu diesem Film hat mich Chris Markers Film *Am Rande des Rollfelds* inspiriert, wobei die Idee ist, dass der Dritte Weltkrieg aufgrund von Umweltkatastrophen ausbricht. Um diesen Krieg darzustellen, habe ich versucht, verschmutzte Seen und Flüsse, Wüsten, gefällte Bäume und Tiere nachzubilden. Ich wollte Archive dieses Kriegs entstehen lassen und sie mit Archivaufnahmen des Astrophysikers Jules Janssen zusammenbringen, der als Astronom in der zweiten Hälfte des 19. Jahrhunderts das Sonnenspektrum erforschte. Janssen glaubte, dass das

Zukunftsticket

Wir freuen uns, wenn unsere Besucher*innen zu Fuß, mit dem Rad oder mit dem ÖPNV ins Museum kommen – und gewähren über ein Zukunftsticket ermäßigten Eintritt in die Ausstellung.

Future ticket

We're very pleased when our visitors travel to our museum by foot, bicycle, or public transport – and offer them reduced admission to the exhibition with the future ticket.

it look like to have environments automate the management of machines? This is what we see as a kind of natural intelligence. It's the attempt to re-read planetary limits as logics and then design infrastructures with them accordingly.

THO *Chronicles of the Dark Sun* describes exactly this kind of dystopia, where people have had to face the ever-increasing automation of their environment and in the end have to deal with a manmade °perpetual eclipse° and an almost uninhabitable earth. Digital space has grown beyond the borders of environmental space.

GW For this film I was inspired by Chris Marker's film *La jetée,* imagining a third world war caused by environmental catastrophes. To depict this war, I tried to reproduce dirty lakes and rivers, deserts, cut-down trees, and animals. I sought to create archives of this war, which I linked with archive images

Erforschen der astronomischen Gesetzmäßigkeiten es ermöglichen würde, die Vergangenheit und Zukunft aus der Gegenwart abzuleiten, in dem man die Sonne untersucht. Jules Janssen war überzeugt, dass eine Untersuchung der Lichtspektren die astronomischen Gesetzmäßigkeiten vervollständigen und zu einem vollständigen Wissen über das physikalische Universum führen würde, es würde sich eine Reise durch Zeit und Raum auftun, aber ohne die Erde oder die Gegenwart zu verlassen. Bei Sonnenfinsternissen hat Janssen sich aufgemacht, das Sonnenspektrum zu fotografieren. Der Film zieht eine Parallele zwischen Janssens Suche nach Sonnenfinsternissen, der Sonne hinterherjagend, und der Gegenwart einer Erde, die zu warm geworden ist und auf der Überlebende sich in der Zukunft dazu entschlossen haben, große Abdunklungsvorrichtungen vor der Sonne zu platzieren, um bewohnte Gebiete vor Hitzewellen zu schützen. Sie leben im Halbdunkeln, in einer Art dunkler Sonnenfinsternis, die in beide Richtungen reicht. Nur über die Maschine, ihre Bildschirme, bekommen sie etwas Farbe und Licht zurück.

THO Eine ähnliche Wirkung auf das Klima wie die Schutzsegel, die in Gwenola Wagons Arbeit die dauerhafte Sonnenfinsternis erzeugen, erfüllen in unserem planetaren Raum ja eigentlich die Wolken. Aber auch die Wolkenbildung ist nicht frei von menschgemachten Einflüssen.

JC Die Spurengase und die Aerosolpartikel sind insbesondere wichtig, denn damit sich eine Wolke bildet, muss Wasser an diesen Aerosolpartikeln kondensieren. Und je mehr davon vorhanden sind, umso mehr verändern sich die Eigenschaften der Wolke. Und die Wolken sind insgesamt wichtig, weil sie Sonnenlicht reflektieren und damit für Abkühlung am Boden sorgen. Aber auch Wärmestrahlung, die vom Boden kommt, wird von Wolken zurückgehalten. Und so haben wir sowohl eine erwärmende als auch eine abkühlende Wirkung, die sich ein Stück weit ausgleichen. Man versucht natürlich herauszufinden, wie weit der Mensch dadurch, dass er sowohl Spurengase als auch Partikel direkt beeinflusst hat, die Wolken im Vergleich zu vorindustrieller Zeit bereits verändert und damit eben auch das Klima beeinflusst hat, nicht nur durch die Treibhausgase.

THO Tega, in *Solar Protocol* arbeitet ihr mit genau diesen bereits veränderten Umweltbedingungen und ihren wechselseitigen Effekten auf den digitalen Raum. Eure Arbeit zeigt, wie der digitale Raum immer in einen Umweltraum eingebettet ist, mit all den physikalischen Auswirkungen, die dies mit sich bringt. Wie wirkt sich diese Verbindung auch auf den sozialen Raum aus? Und was verändert sich, wenn wir uns das Internet als eine natürliche Ressource vorstellen?

TB Wie du schon richtig gesagt hast, haben wir in *Solar Protocol* versucht, nachzuvollziehen, wie der digitale Raum mit den ökologischen Bedingungen verbunden ist. Energie, Wasser, Temperatur, Feuchtigkeit – all diese Faktoren müssen kontrolliert oder bei der Herstellung des Digitalen berücksichtigt werden. Dazu wollten wir zuerst die Daten im Frontend offenlegen, damit die Bedingungen des Servers nicht im Verborgenen bleiben, wie man es sonst im Netz erlebt, sondern ein zentraler Bestandteil des Nutzer*innenerlebnisses werden. Ein anderer Aspekt, den ich an diesem Projekt sehr mag, ist, dass das Soziale ein wichtiger Teil davon ist, dass das Netzwerk funktioniert. Unsere Server fallen oft aus, aber das passiert meistens, weil unsere Freiwilligen umziehen oder sich von ihren Partner*innen trennen oder eine andere soziale Situation vorhanden ist, in der sie ihren Server bewegen müssen. Je mehr wir uns im sozialen Bereich kümmern, desto **resilienter** ist das digitale Netzwerk.

Resilienz

Resilienz hat seinen Ursprung im Lateinischen (*resilire* = abprallen, zurückspringen, sich zusammenziehen) und bezeichnet die Fähigkeit eines Individuums, sich trotz ungünstiger Lebensumstände und kritischer Lebensereignisse erfolgreich zu entwickeln. Allerdings kann von Resilienz keine Rede sein, wenn keine stressreiche bzw. traumatische Erfahrung vorliegt. Resilienz manifestiert sich in der Wiederherstellung einer normalen Befindlichkeit nach dem Erleben eines Schicksalsschlags.

Vgl. Resilienz. In: *Dorsch. Lexikon der Psychologie*, o.D. https://dorsch.hogrefe.com/stichwort/resilienz (Zugriff am 18.12.2024).

Gwenola Wagon: *Chronicles of the Dark Sun – Sunparty,* 2023

Resilience

Resilience comes from Latin (*resilire* = rebound, bounce back, contract) and denotes the capacity of an individual to continue to develop successfully despite adverse circumstances and difficult events in life. However, we cannot speak of resilience if no very stressful or traumatic events have taken place. Resilience is manifested in the ability to return to a normal mental state after experiencing misfortune.

Cf. Resilienz. In: *Dorsch. Lexikon der Psychologie,* n.d. https://dorsch.hogrefe.com/stichwort/resilienz (accessed: December 18, 2024).

by the astrophysicist Jules Janssen, an astronomer from the second half of the nineteenth century who specialized in the study of the solar spectrum. Janssen believed that studying the laws of astronomy would make it possible to deduce the past and future from the present by studying the Sun. Jules Janssen was convinced that the analysis of light spectra, complementing the laws of astronomy, would lead to a complete knowledge of the physical universe, offering a journey through space and time, but without leaving the Earth or the present. It was during eclipses that Janssen set off to photograph the solar spectrum. The film draws a parallel between Janssen's quest for eclipses, as he chases the Sun, and the present of an Earth that has become too hot, where survivors in the future have resolved to place large shutters in front of the Sun to protect inhabited areas from heat waves. They live in half-night, in a kind of dark eclipse that extends in both directions. Only the machine, on their screens, gives them back color and light.

THO Clouds actually have a similar effect on climate in our planetary space as the protective shutters that create the permanent eclipse do in Gwenola Wagon's work. But cloud formation is not entirely free from human influences either.

JC Trace gases and aerosol particles are particularly important, because for a cloud to form, water has to condense on these aerosol particles. And the more of these there are, the more the properties of the cloud change. And clouds are important in general, because they reflect sunlight and thus ensure cooling on the ground. But heat radiation that comes from the ground is kept back by clouds too. We therefore have both a warming and a cooling effect, which balance each other out to an extent. Of course, people are trying to find out how much humans have already changed clouds in comparison to the preindustrial age by directly influencing trace gases and particles and thus how much they have influenced the climate through these as well as greenhouse gases.

THO Tega, in *Solar Protocol* you work with exactly these already changed environmental conditions and their reciprocal effects on digital space. Your work reveals how digital space is always located within environmental space, with all the physical consequences this implies. How does this connection also affect social space? And what changes when we consider the internet as a natural resource?

TB As you put it so well, in *Solar Protocol* we aimed to explore digital space as enmeshed with environmental conditions. Energy, water, temperature,

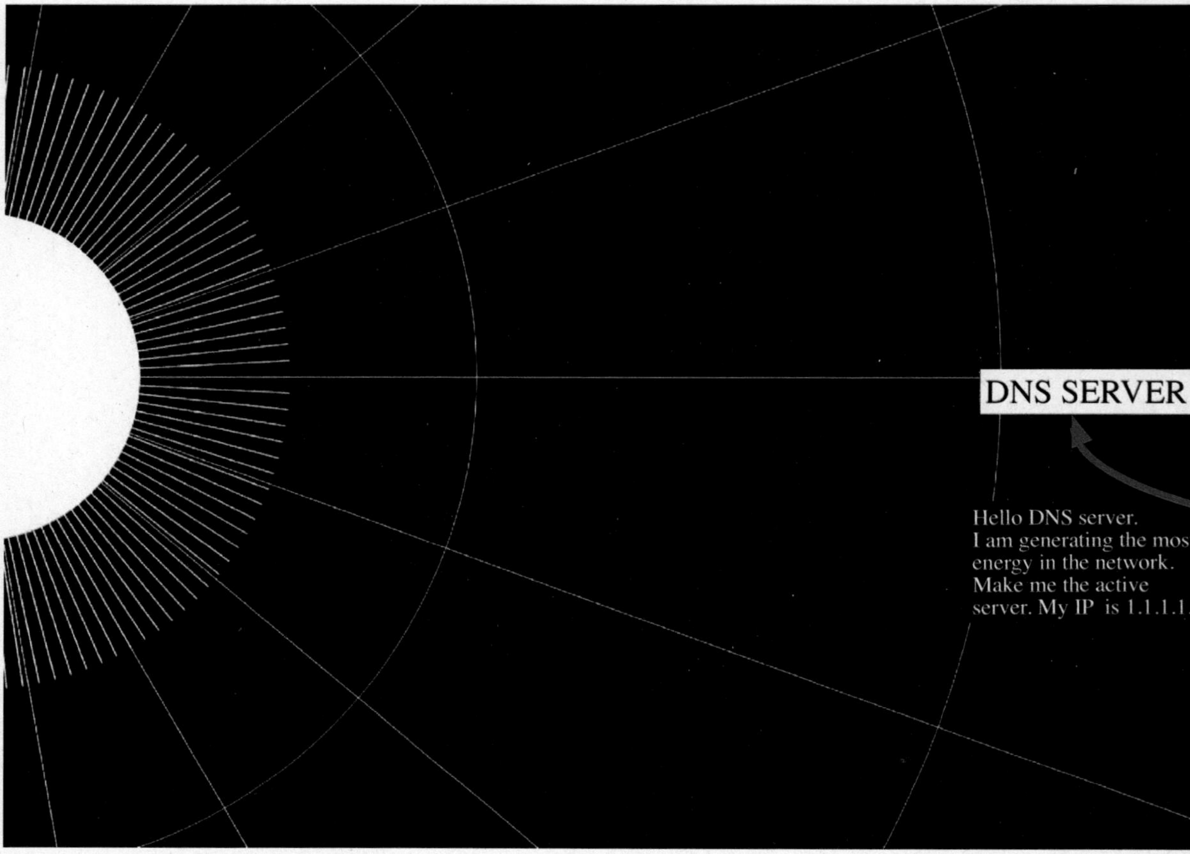

Die Logik des Solar-Netzwerkprotokolls / Solar Protocol logic. Tega Brain / Benedetta Piantella / Alex Nathanson / Solar Protocol Collective: *Solar Protocol*, 2023

1 Vgl. Pierre Bourdieu: *Sozialer Raum und ›Klassen‹. Leçon sur la leçon. Zwei Vorlesungen*, aus d. Franz. v. Bernd Schwibs. Frankfurt am Main: Suhrkamp 1985.

2 Steven Gonzalez Monserrate: The Weight of the Cloud. Our Data Has Real Impacts on the Planet and Its People. In: *YES! Magazine*, 04.03.2024. https://www.yesmagazine.org/issue/connections/2024/03/04/the-weight-of-the-cloud (Zugriff am 18.12.2024).

3 Pierre Cassou-Noguès / Gwenola Wagon: *Les Images Pyromanes. Théorie-fiction des images génératives*. Villecomtal-sur-Arros: UV 2025.

4 Felix Maschewski / Anna-Verena Nosthoff: Algorithmus. In: Ulrich Bröckling / Susanne Krasmann / Thomas Lemke (Hrsg.): *Glossar der Gegenwart 2.0*. Berlin: Suhrkamp 2024, S. 46–57, hier S. 52.

5 Thomas Lemke: Planetar. In: Ebd., S. 269–279, hier S. 273.

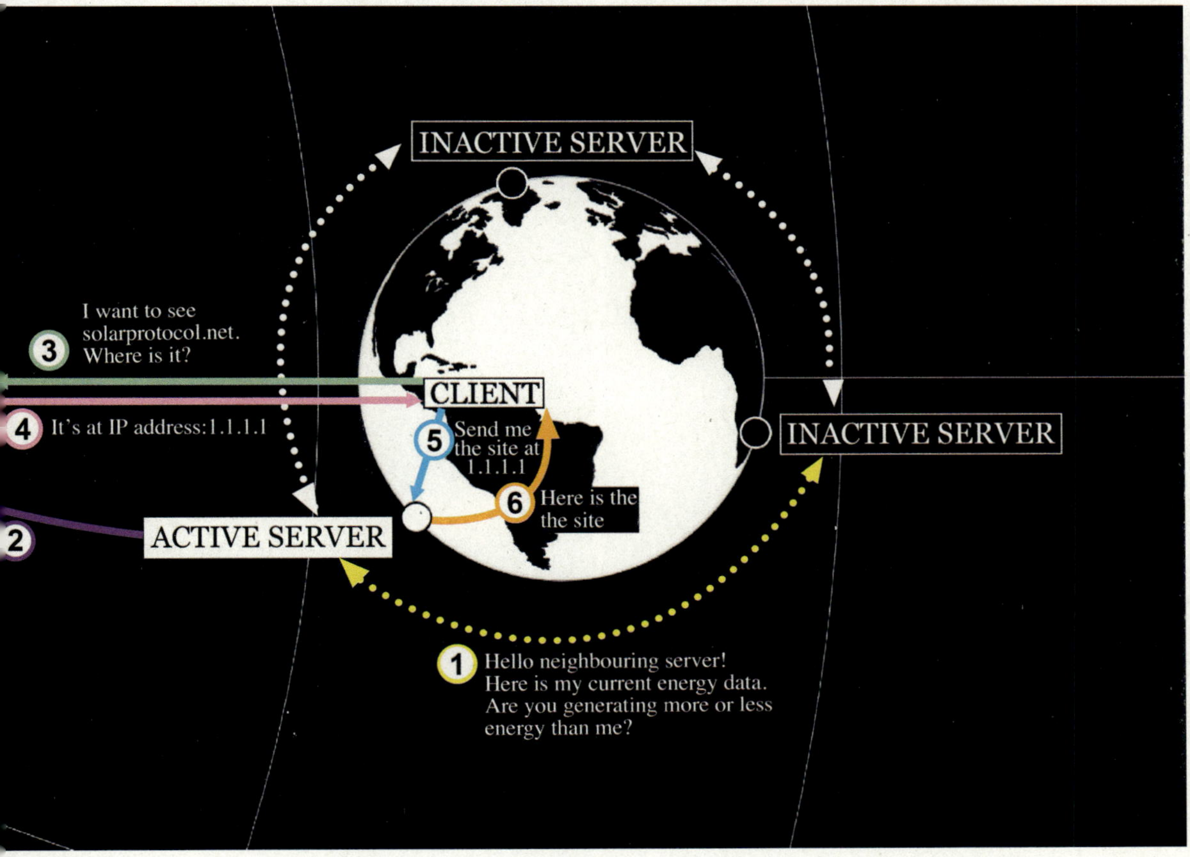

humidity – all these elements must be controlled or input in the production of the digital. To do this, firstly we wanted to make this data available on the front end, so the conditions at the server do not stay hidden as they do in most web experiences, but become an integral part of the user experience. Another aspect I love about this project is how the social is an important part of the network functioning. Our servers often go down, but it's usually because our volunteers move house or break up with their partners or have some social thing happen, which means they have to move their server. The more effort we put into the work socially the more **resilient** the digital network is.

1 Cf. Pierre Bourdieu: *Sozialer Raum und °Klassen°. Leçon sur la leçon. Zwei Vorlesungen,* transl. from the French by Bernd Schwibs. Frankfurt am Main: Suhrkamp 1985.

2 Steven Gonzalez Monserrate: The Weight of the Cloud. Our Data Has Real Impacts on the Planet and Its People. In: *YES! Magazine,* March 4, 2024. https://www.yesmagazine.org/issue/connections/2024/03/04/the-weight-of-the-cloud (accessed: December 18, 2024).

3 Pierre Cassou-Noguès / Gwenola Wagon: *Les Images Pyromanes. Théorie-fiction des images génératives.* Villecomtal-sur-Arros: UV 2025.

4 Felix Maschewski / Anna-Verena Nosthoff: Algorithmus. In: Ulrich Bröckling / Susanne Krasmann / Thomas Lemke (eds): *Glossar der Gegenwart 2.0.* Berlin: Suhrkamp 2024, pp. 46–57, here p. 52.

5 Thomas Lemke: In: Ibid., pp. 269–279, here p. 273.

IN Inwiefern können computer- und datengestützte Methoden zur Lösung der planetaren Polykrise im Spannungsfeld von Spekulation und Kontrolle beitragen?

CB Datengestützte, algorithmische Modelle können uns als Werkzeuge helfen, diese Polykrisen zu analysieren. Sie können uns und Politiker*innen unterstützen, Lösungen zu entwickeln. Sie können uns helfen, zu prognostizieren, was wir auf keinen Fall erreichen dürfen und wo wir intervenieren müssen. Das ist die eine Seite der Medaille. Natürlich haben diese Modelle und computergestützten Methoden auch Schattenseiten. Hier muss man im Sinne der Critical Computational Studies aufpassen und diese Kehrseiten im Blick behalten. **Smart Cities** beispielsweise werden als eine große Lösung gehandelt, um die Klimakrise zumindest abzuschwächen oder sogar zu bewältigen. Zugleich können die dabei verwendeten Überwachungsmodalitäten natürlich auch von autoritären Regimen genutzt und missbraucht werden.

JE Das Thema Smart Cities und Imaginationspraktiken spielt auch in unserer Forschungsarbeit mit Jugendlichen, die von Naturkatastrophen betroffen sind, eine wichtige Rolle. Wir fragen sie, wie Zukünfte gedacht werden können, wenn diese nicht mehr offen sind. Imaginationen sind hier wichtig, um das zu denken, was sich Jugendliche nicht zu denken trauen. Zu diesen Imaginationspraktiken ziehen wir auch Methoden von Künstlicher Intelligenz heran. Das heißt, wir machen mit der KI Bilder möglicher Zukünfte. Die Jugendlichen entwerfen dabei Smart Cities, in denen der Mensch wirklich eine untergeordnete Rolle spielt. Sie verbinden sich eng mit dieser Technologie und werden zu einer verschmolzenen Agency. Technologie, Natur und Mensch ist für sie eins in diesen Bildern. Das muss man natürlich auch kritisch sehen, weil KI ein ganz zentraler Akteur dieser Bilder ist. Aus unserer Perspektive schreiben sich in KI, je nachdem, mit welchen Daten sie gefüttert wird, dominante Narrative und Bilder, also zum Beispiel von Smart Cities, ein. Da ist zu sehen, dass die Natur sehr domestiziert ist. Sie ist künstlich arrangiert. Sie gewinnt interessanterweise keine dystopische Kraft in diesen Bildern, sondern sie ist sehr arrangiert und kontrolliert. Dass die Jugendlichen diese Art von Bildern als schöne Zukunft sehen, ist kritisch zu betrachten, weil die KI hier ja eine bestimmte Idee von Smart Cities repräsentiert.

IN Welche Rolle spielen **Quantencomputer** bei dem Versuch, sich die Welt, in der wir leben, anders vorzustellen? Warum sind nicht-binäre Quantencomputing-Codes interessant für deine künstlerische Praxis?

LH Anders als digitale Computer, die auf binären Denkweisen aufbauen und so die Welt verstehen, sind Quantencomputer nicht-binär. Die Funktionsweise von Quantengeräten basiert auf den magischen Gesetzmäßigkeiten der Quantenphysik, daher sind sie komplett anders als jede bisher da gewesene Technologie!
In meiner künstlerischen Arbeit schreibe ich meinen eigenen Code für Quantencomputer, um auf nicht-binäre Weise Bilder und Videos zu verarbeiten, Sounds herzustellen und zu komponieren und 3D-gerenderte Welten zu animieren. Herangehensweisen mit Quanten offenbaren die unsichtbaren Zusammenhänge des Universums und laden das Publikum dazu ein, sich die scheinbar binären, polarisierenden Systeme, in denen wir leben, anders vorzustellen.

IN Welche Auswirkungen werden Quantencomputer auf die Zukunft des Klimas haben? Und können Quantencomputer komplexe ökologische Probleme effizienter lösen bzw. sind sie energieeffizienter?

MJ Auf das Klima bezogen spielen Quantencomputer eine doppelte Rolle. Ich könnte mir vorstellen, dass Quantencomputer eingesetzt werden, um Alternativen zum Haber-Bosch-Verfahren zu erfinden. Das Haber-Bosch-Verfahren ist sehr effizient oder es ist effizient, aber grundsätzlich könnte man auch noch effizientere

Smart City

Der digitale Wandel im kommunalen Umfeld umfasst nicht nur klassische Verwaltungsdienste, sondern zunehmend auch Infrastrukturen der Daseinsfürsorge, wie z.B. das Verkehrswegenetz und verbundene Beförderungsmöglichkeiten, Wasser- und Energieversorgung oder Müll- und Abwasserbeseitigung. Diese Aktivitäten werden oft öffentlichkeitswirksam mit dem Begriff °Smart City° verbunden. In einer Smart City sollen intelligente Informations- und Kommunikationstechnologien (IKT) verwendet werden, um Teilhabe und Lebensqualität zu erhöhen und eine ökonomisch, ökologisch und sozial nachhaltige Kommune oder Region zu schaffen.

Vgl. Smart City. In: *Bundesamt für Sicherheit in der Informationstechnik*, o.D. https://www.bsi.bund.de/DE/Themen/Unternehmen-und-Organisationen/Informationen-und-Empfehlungen/Smart-City/smart-city_node.html (Zugriff am 23.12.2024).

Smart city

Digital transformation in the urban environment means not only a transformation in conventional administrative services, but also increasingly in the infrastructure of public services, such as for example the transport network and the options it offers, water and energy supply, and waste and sewage disposal. These services are often linked to the term °smart city° in a way that is intended to create public approval. The promise is that in a smart city intelligent information and communications technologies (ICT) will be used to increase participation and quality of life and create an economic, ecological, and socially sustainable city or region.

Cf. Smart City. In: *Bundesamt für Sicherheit in der Informationstechnik*, n.d. https://www.bsi.bund.de/DE/Themen/Unternehmen-und-Organisationen/Informationen-und-Empfehlungen/Smart-City/smart-city_node.html (accessed: December 23, 2024).

IN To what extent can computer- and data-driven methods contribute to solving the planetary polycrisis between the poles of speculation and control?

CB Data-driven, algorithmic models can help us as tools for analyzing these polycrises. They can support us and politicians to develop solutions. They can help us to make a prognosis of the limits we cannot reach under any circumstances and where we have to intervene. That's one side of the coin. Of course, these models and computer-driven methods also have their dark side. We have to be careful here in the way that critical computational studies describes and keep our eye on this other side of the coin. For example, smart cities are treated as a big solution to at least mitigate the climate crisis or even solve it. At the same time, the surveillance methods used in smart cities can of course also be used and abused by authoritarian regimes.

JE The topics of **smart cities** and imagination practices also play an important role in our research work with young people affected by natural disasters. We ask them how we can think about futures when these are no longer open. Imagination is important here in order to think what young people are afraid to think. We also use methods from artificial intelligence as part of these imagination practices. Which means we make images of possible futures using AI. In these exercises, the young people design smart cities where the human being really plays a subordinate role. They connect closely with this technology and become one merged agency. Technology, nature, and the human being become one entity for them in these images. And of course, we have to view this critically too, because AI is a central actor in creating these images. From our perspective, dominant narratives and images, for example of smart cities, are inscribed into AI depending on which data it is fed with. The fact that nature is very domesticated can be seen here. It's artificially arranged. Interestingly, it doesn't acquire any dystopian power in these images, rather it's very arranged and controlled. The fact that young people see these kinds of images as a nice future should be viewed critically, because the AI is representing a specific idea of smart cities.

IN What role do **quantum computers** play in reimagining the world we live in? Why are non-binary quantum computing codes interesting for your artistic practice?

LH Unlike digital computers that rely on binary ways of thinking and understanding the world, quantum computers are non-binary. Quantum devices function based on the magical laws of quantum physics, so they're completely different to any technology that has come before!
In my artistic practice, I write my own code for quantum computers to process images and video, create and compose sounds, and to animate 3D rendered worlds in non-binary ways. Quantum approaches reveal the universe's invisible workings and invite audiences to reimagine the seemingly binary, polarizing systems we live in.

IN What impact will quantum computers have on the future of the climate? And can quantum computers solve complex ecological problems more efficiently, or are they more energy efficient?

MJ The role of quantum computers, according to or in terms of the climate, is twofold. I would imagine that you use quantum computers to find alternatives to the Haber-Bosch process. The Haber-Bosch process is very efficient or it is efficient, but in principle more efficient methods could be found and this would save a lot of energy when generating ammonia and other fertilizers that we use. On the indirect side, you can imagine solving the same problem that you would solve on a modern supercomputer, which consumes megawatts of energy, on a quantum computer, which maybe consumes energy in the range of kilowatts. And if you could solve the same problem on a quantum computer compared to a

Verfahren entwickeln, die bei der Ammoniaksynthese oder der Herstellung von anderen Düngern, die wir verwenden, viel Energie einsparen könnten. Auf indirekte Weise kann man sich vorstellen, dass dieselben Probleme, die wir auf modernen Supercomputern lösen, welche Megawatt an Energie verbrauchen, auch auf Quantencomputern gelöst werden könnten, welche vielleicht einen Energieverbrauch im Kilowattbereich haben. Und wenn man in derselben Zeit ein Problem auf einem Quanten- anstelle eines herkömmlichen Computers lösen könnte, aber weniger Energie dabei verbraucht, dann sehe ich das letzten Endes als eine indirekte Auswirkung auf das Klima.

IN Einige Menschen sagen, dass die Quantenperspektive Empathie auslösen kann. Was genau bedeutet es, eine Quantenperspektive einzunehmen, und wie kann sie uns helfen, eine stärkere Verbindung zu unserer Umwelt und unseren Mitmenschen zu fühlen?

MJ Ich denke, dass die Auslöser von Empathie sehr unterschiedlich sein können. Wenn für manche Menschen Quantenmechanik zu Empathie führt, dann ist das toll, aber wenn bei anderen Menschen andere Dinge Empathie auslösen, dann ist das genauso gut. Wenn die Frage ist, ob Quantenmechanik oder die Idee, Quantenmechanik überall zu sehen, mit einem Gefühl verbunden werden sollte, dann würde ich eher davon abraten, weil die Quantenmechanik oder Quantentheorie nur ein Modell ist. Und 1935 sagte Albert Einstein, er denke, sie sei unvollständig. Außerdem halten sie viele Menschen auch für etwas, dass ungewöhnlich und nicht intuitiv ist. Daher bin ich mir nicht sicher, ob wir wirklich durch einen ungewöhnlichen, nicht intuitiven Ansatz das Leben betrachten wollen, oder ob ich dies vorziehen würde. Ich würde es eher der Kunst überlassen, herauszufinden, wie man Perspektiven in der Kunst sieht, und den Quantenmodellen, wie man Perspektiven in der Wissenschaft sieht.

IN Wie kann das radikale Potenzial des Quantencomputing genutzt werden, um unsere Systeme über den extraktiven Kapitalismus hinaus neu zu denken?

LH Der extraktive Kapitalismus ist ein linearer, endlicher Prozess, der von den Menschen und/oder dem Planeten nimmt und am Ende Abfall hinterlässt. Er ist in der Regel ausbeuterisch und im Laufe der Zeit höchst umweltschädlich, so wie wir es aktuell mit der Klimakrise sehen. Quantencomputer unterliegen den

Quantencomputer

Quantencomputer sollen künftig Aufgaben lösen, die für heutige Supercomputer zu komplex sind. Während ein klassischer Rechner mit Bits rechnet, nutzt ein Quantencomputer Qubits. Diese können nicht nur die Werte 0 oder 1 annehmen, sondern durch die Überlagerung von Quantenzuständen auch jede beliebige Kombination aus beidem. Auf diese Weise lassen sich größere Probleme und komplexere Aufgaben parallel statt linear berechnen.

Quantencomputer. In: *Forschungszentrum Jülich,* 25.10.2024. .https://www.fz-juelich.de/de/forschung/unsere-forschung/information/quantentechnologie/quantencomputer (Zugriff am 23.12.2024).

Quantencomputing. In: *Fraunhofer,* o.D. https://www.fraunhofer.de/de/forschung/aktuelles-aus-der-forschung/quantentechnologien/quantencomputing.html (Zugriff am 23.12.2024).

Libby Heaney: *Q is for Climate (?),* 2023

Libby Heaney: *Q is for Climate (?)*, 2023

conventional computer in the same amount of time, but using less energy, I see this as an indirect impact on the climate in the end.

IN Some people say that the quantum perspective can trigger empathy. What does it mean to adopt a quantum perspective, and how does it help us to feel a greater connection with the environment and our fellow human beings?

MJ I think that the triggers of empathy can be very different. If for some people quantum mechanics triggers empathy, I think it's great, but if other things generate empathy for other people, that's great for them. If you're asking whether quantum mechanics or the idea of seeing quantum mechanics everywhere should somehow be attached to a feeling, then I would rather discourage that, because quantum mechanics or quantum theory is just a model. And in 1935 Albert Einstein said that he thinks it's incomplete. Also, many people consider it to be something that's non-trivial and non-intuitive. So I'm not so sure if taking this non-trivial, non-intuitive approach to viewing life is something that we want, something I'd rather have. I'd rather leave art to figure out how to see art perspectives and leave the quantum models to find out how to see perspectives in science.

IN How can the radical potential of quantum computing be used to rethink our systems beyond extractive capitalism?

LH Extractive capitalism is a linear, finite process that takes from people and/or the planet and ends up with waste. It's generally exploitative and over time highly damaging to the environment as we are currently seeing with the climate crisis. Quantum computers obey the laws of quantum physics, which are entirely different to how we experience the world day to day. For instance, multiple temporalities can exist at once – each one as real and valid as the others. Furthermore, in the future they will function without giving off wasted heat within the computation. This is the opposite of digital computers which get hot when we use them. This might sound a little opaque, but it basically means quantum computers are inherently well suited to exploring sustainable circular systems without waste where time is reversible.

These quantum notions of time – multiple, circular, and reversible – are very different to the linear time of extractive capitalism. The fact that multiple temporalities exist at once within a quantum computer invites us to think about systems

Quantum computers

It is believed that in future quantum computers will be able solve tasks that are too complex for today's super computers. While a conventional computer calculates in bits, a quantum computer uses qubits. Not only can quantum computers assume the values 0 or 1, but also any possible combination of both due to the super-position of quantum states. In this way, larger problems and more complex tasks can be calculated in parallel, rather than in a linear way.

Quantencomputer. In: *Forschungszentrum Jülich*, 25.10.2024. https://www.fz-juelich.de/de/forschung/unsere-forschung/information/quantentechnologie/quantencomputer (accessed: December 23, 2024).

Quantencomputing. In: *Fraunhofer*, n.d. https://www.fraunhofer.de/de/forschung/aktuelles-aus-der-forschung/quantentechnologien/quantencomputing.html (accessed: December 23, 2024).

Libby Heaney: *Q is for Climate (?)*, 2023

Gesetzmäßigkeiten der Quantenphysik, die komplett anders sind als unser alltägliches Erleben der Welt. Zum Beispiel können mehrere Zeitlichkeiten gleichzeitig existieren – jede so real und gültig wie die anderen. Darüber hinaus werden sie in Zukunft funktionieren, ohne Abwärme beim Rechenprozess abzugeben. Bei digitalen Computern ist das Gegenteil der Fall, denn sie laufen heiß, wenn wir sie benutzen. Dies klingt vielleicht etwas unklar, aber es bedeutet im Grunde, dass Quantencomputer von sich aus sehr gut dafür geeignet sind, nachhaltige Kreislaufsysteme ohne Abfallprodukte zu erforschen, bei denen die Zeit umkehrbar ist.

that are beneficial to the planet, to different peoples, animals, the economy, plants, etc. all at the same time without enforcing the necessary hierarchy of extractive capitalism.

Libby Heaney: *Q is for Climate (?)*, 2023

Diese Quantenvorstellungen von Zeit – multipel, zirkulär und reversibel – sind grundverschieden von der linearen Zeit des extraktiven Kapitalismus. Die Tatsache, dass in einem Quantencomputer mehrere Zeitlichkeiten parallel existieren, lädt uns dazu ein, über Systeme nachzudenken, die gleichzeitig für den Planeten, verschiedene Völker, Tiere, die Wirtschaft, Pflanzen usw. von Nutzen sind, ohne die unvermeidliche Hierarchie des extraktiven Kapitalismus durchzusetzen.

Libby Heaney: *Q is for Climate (?)*, 2023

Libby Heaney: *Q is for Climate (?)*, 2023

Samira Akbarian ist wissenschaftliche Mitarbeiterin am Lehrstuhl für Öffentliches Recht und Rechtsphilosophie an der Goethe-Universität Frankfurt am Main mit einem Schwerpunkt auf Verfassungsinterpretation.

Jordan Rita Seruya Awori ist interdisziplinäre Künstlerin, lebt in Frankfurt am Main und setzt sich mit Themen wie Identität, kulturelle Diversität und Zukunftsvisionen auseinander.

Baltic Raw Org sind *Móka Farkas* und *Berndt Jasper*, deren begehbare Skulpturen soziale Teilhabe im öffentlichen Raum fördern.

*Blockadia*Tiefsee* versteht sich als temporäres, in Form und Größe sich stets wandelndes Kollektiv, welches 2015 gegründet wurde. Teil des Kollektivs ist eine Wurmpopulation, die im Rahmen verschiedener Workshops und Ausstellungen lebt und weiter wächst.

Judith Blume leitet die Koordination der Sammlungen an der Goethe-Universität Frankfurt am Main und ist stellvertretende Leiterin der Abteilung Kuratieren, Fachinformation, Vermittlung an der Universitätsbibliothek Johann Christian Senckenberg.

Tega Brain ist eine australische Künstlerin und Umweltingenieurin, geboren, als der CO_2-Gehalt in der Atmosphäre unter 350 ppm lag. Ihre Arbeit befasst sich mit Fragen der Ökologie, von Daten, Automatisierung und Infrastruktur. Sie ist außerordentliche Professorin für integriertes Design und Medien an der New York University.

Christoph Burchard ist Professor für Rechtswissenschaft an der Goethe-Universität Frankfurt am Main und Gründungssprecher des Center for Critical Computational Studies (C^3S).

Joachim Curtius ist Professor für Experimentelle Atmosphärenforschung am Institut für Atmosphäre und Umwelt der Goethe-Universität Frankfurt am Main.

Petra Döll ist Professorin für Hydrologie am Institut für Physische Geographie der Goethe-Universität Frankfurt am Main.

Laura Domes ist Kuratorin im MGGU. Sie interessiert sich besonders für das Verhältnis von Kunst des 20. & 21. Jahrhunderts zu den Sozialwissenschaften und für partizipative Prozesse.

Juliane Engel ist Professorin für Erziehungswissenschaft an der Goethe-Universität Frankfurt am Main mit Schwerpunkt Schule und kulturelle Transformation und Gründungsdirektorin für Transfer des Center für Critical Computational Studies (C^3S).

Nina Fischer & Maroan el Sani sind ein Berliner Künstler*innen-Duo. Für ihre Film- und Medienkunst-Arbeiten entwickeln sie interventionistische Strategien, mit Fokus auf spekulativen Narrativen in einer Welt im ständigen Ausnahmezustand.

Felix Giesa ist wissenschaftlicher Mitarbeiter und Kustos am Institut für Jugendbuchforschung der Goethe-Universität Frankfurt am Main.

Steven Gonzalez Monserrate ist Post-Doc am Graduiertenkolleg Fixing Futures der Goethe-Universität Frankfurt am Main. Unter dem Pseudonym E. G. Condé ist er Künstler, Filmemacher und Autor spekulativer Romane.

Participants

Samira Akbarian is a research assistant for the Chair of Public Law and Philosophy of Law at Goethe University, Frankfurt am Main with a focus on interpretations of the constitution.

Jordan Rita Seruya Awori is an interdisciplinary artist, lives in Frankfurt am Main and works on subjects such as identity, cultural diversity, and visions of the future.

Baltic Raw Org are *Móka Farkas* and *Berndt Jasper,* whose walk-in sculptures promote social participation in public space.

*Blockadia*Tiefsee* sees itself as a temporary collective, whose form and size are constantly changing, which was founded in 2015. A worm population is part of the collective. This worm population lives and continues to grow as part of various workshops and exhibitions.

Judith Blume is Head of Collection Coordination at Goethe University, Frankfurt am Main and is Deputy Head of the Curating, Subject Information, and Outreach Department at the Johann Christian Senckenberg University Library.

Tega Brain is an Australian artist and environmental engineer, born when atmospheric CO_2 was below 350 ppm. Her work addresses issues of ecology, data, automation, and infrastructure. She is an Industry Associate Professor of Integrated Design and Media at New York University.

Christoph Burchard is Professor of Law at Goethe University, Frankfurt am Main and founding spokesperson of the Center for Critical Computational Studies (C^3S).

Joachim Curtius is Professor for Experimental Atmospheric Research at the Department for the Atmosphere and Environment at Goethe University, Frankfurt am Main.

Petra Döll is Professor of Hydrology at the Department of Physical Geography at Goethe University, Frankfurt am Main.

Laura Domes is a curator at the MGGU. She is particularly interested in the relationship of twentieth- and twenty-first-century art to the social sciences and participatory processes.

Juliane Engel is Professor of Education at Goethe University, Frankfurt am Main with a focus on school and cultural transformation and is the Founding Director for Transfer at the Center for Critical Computational Studies (C^3S).

Nina Fischer und Maroan el Sani are a Berlin-based artist duo. They develop interventionist strategies for their film and media works, focussing on speculative narratives in a world in a permanent state of emergency.

Felix Giesa is a research assistant and custodian at the Department for Children's and Young Adult Literature Research at Goethe University, Frankfurt am Main.

Steven Gonzalez Monserrate is a post-doctoral fellow at the graduate school Fixing Futures at Goethe University, Frankfurt am Main. Under the pseudonym E. G. Condé, he is an artist, filmmaker, and author of speculative novels.

Sophia Hanelt ist wissenschaftliche Mitarbeiterin am Institut für Archäologische Wissenschaften der Goethe-Universität Frankfurt am Main und zuständig für die Münzsammlung des Instituts.

Jana Hartmann ist Künstlerin. Ihre fotografischen und skulpturalen Langzeitprojekte basieren auf interdisziplinärer Recherche und Zusammenarbeit mit Natur- und Geisteswissenschaftler*innen.

Libby Heaney ist eine Künstlerin mit einem PhD in Quanteninformationswissenschaft. Sie hat einen Abschluss in Physik vom Imperial College London und einen MA in Art and Science von der Central St. Martins University of the Arts London.

Thomas Hickler ist Professor für Quantitative Biogeographie am Senckenberg Biodiversität und Klima-Forschungszentrum und Institut für Physische Geographie der Goethe-Universität Frankfurt am Main.

Tizian Holzbach arbeitet zwischen Architekturtheorie, Kunst- und Ausstellungsgeschichte zu den ästhetischen Wechselwirkungen von Raum und Kunst. Er ist kuratorischer Assistent am MGGU.

Anna-Maria Hünnes ist Bibliotheksreferendarin an der Universitätsbibliothek Johann Christian Senckenberg der Goethe-Universität Frankfurt am Main.

Manpreet Jattana arbeitet als Post-Doc am Quantencomputer *Baby Diamond* des Instituts für Modulares Supercomputing und Quantencomputing der Goethe-Universität Frankfurt am Main.

Fleur Kemmers ist Professorin für Münze und Geld in der griechisch-römischen Antike an der Goethe-Universität Frankfurt am Main.

Maize Longboat ist Computerspielentwickler und Geschichtenerzähler aus der Kanien'kehá:ka Six Nations of the Grand River-Gemeinschaft in Kanada.

Colin Lyons verbindet in seinen künstlerischen Arbeiten Druckgrafik, Installation und chemische Experimente miteinander. Er ist Assistenzprofessor an der Binghamton University (SUNY), New York.

Jennifer Markwirth ist Fotografin und Fotoarchivarin am Frobenius-Institut.

Ina Neddermeyer ist Direktorin am MGGU. Sie kuratierte zahlreiche Ausstellungen u.a. *Schöne neue Welten. Virtuelle Realitäten in der zeitgenössischen Kunst* und *Kryptomania. Die Verheißungen der Blockchain.*

Tim Pickartz ist Kurator für Vermittlung und Diskurs am MGGU. Seine Promotion zur kuratorischen Praxis und Kunstvermittlung auf der *dOCUMENTA (13)* schloss er 2017 ab.

Maximilian Prüfer ist Konzeptkünstler und beschäftigt sich in seinen Arbeiten mit der Manipulation des natürlichen Ökosystems durch den Menschen.

Oliver Ressler ist Künstler und Filmemacher, der Installationen und Filme zu Themen wie Ökonomie, Demokratie, Migration, Klimakrise, Widerstandsformen und gesellschaftliche Alternativen realisiert.

Sophia Hanelt is a research assistant at the Department of Archaeological Sciences at Goethe University, Frankfurt am Main and is responsible for the department's coin collection.

Jana Hartmann is an artist. Her long-term photographic and sculptural projects are based on interdisciplinary research and collaboration with natural scientists and humanities scholars.

Libby Heaney is an artist with a PhD in Quantum Information Science. She has a degree in physics from Imperial College London and an MA in Art and Science from Central St. Martins University of the Arts London.

Thomas Hickler is Professor of Quantitative Biogeography at the Senckenberg Biodiversity and Climate Research Center and the Department of Physical Geography at Goethe University, Frankfurt am Main.

Tizian Holzbach works on the boundaries between the theory of architecture, the history of art, and the history of exhibitions on the aesthetic interactions between space and art. He is a curatorial assistant at MGGU.

Anna-Maria Hünnes is a trainee librarian at the Johann Christian Senckenberg University Library at Goethe University, Frankfurt am Main.

Manpreet Jattana works as a post-doctoral fellow on the quantum computer *Baby Diamond* at the Department for Modular Supercomputing and Quantum Computing at Goethe University, Frankfurt am Main.

Fleur Kemmers is Professor of Coinage and Money in Greek and Roman Antiquity at Goethe University, Frankfurt am Main.

Maize Longboat is a computer game developer and storyteller from the Kanien'kehá:ka Six Nations of the Grand River community in Canada.

Colin Lyons combines printmaking, installation, and chemical experiments in his artistic work. He is an associate professor at Binghamton University (SUNY), New York.

Jennifer Markwirth is a photographer and photo archivist at the Frobenius Institute.

Ina Neddermeyer is Director of the MGGU. She has curated a large number of exhibitions including *Beautiful New Worlds. Virtual Realities in Contemporary Art* and *Cryptomania. Promises of the Blockchain.*

Tim Pickartz is curator for communication and discourse at the MGGU. He completed his doctorate on curatorial practice and communicating art at the *dOCUMENTA (13)* in 2017.

Maximilian Prüfer is a concept artist and examines the manipulation of the natural ecosystem by human beings in his work.

Oliver Ressler is an artist and filmmaker who creates installations and films on subjects such as economics, democracy, migration, the climate crisis, forms of resistance, and social alternatives.

Julia Schubert ist Soziologin und arbeitet auf dem Gebiet der Wissenschaftsforschung. Sie ist Post-Doc im Graduiertenkolleg Fixing Futures der Goethe-Universität Frankfurt am Main.

Katja Schulz betreut die universitäre Edda-Sammlung. Sie ist wissenschaftliche Mitarbeiterin für Ältere Skandinavistik der Goethe-Universität Frankfurt am Main und des Projekts °Reclaiming the Northern Past° der isländischen Reykjavík Academy.

Sascha Staubach, Dipl. Geol., Dekanatsassistent und Geoagentur (Agentur für Öffentlichkeitsarbeit) am Fachbereich Geowissenschaften / Geographie der Goethe-Universität Frankfurt am Main, Hobby Mineraliensammler.

Adhavan Sundaramurthy hat Architektur am Southern California Institute of Architecture (SCI-Arc) in Los Angeles studiert und arbeitet als Architekt und Künstler in Chennai, Indien.

Superflux wurde 2009 von *Anab Jain* und *Jon Ardern* gegründet und ist eine grenzüberschreitende, preisgekrönte Agentur für Design und Zukunftserfahrungen.

Gwenola Wagon ist Künstlerin und Filmemacherin. Sie arbeitet im Bereich der Medienkunst und Dokumentation und erforscht die Schnittstelle zwischen Technologie, Gesellschaft und Umwelt.

Joshua Wodak ist bildender Künstler und Senior Research Fellow des Institute for Culture and Society der Western Sydney University.

Nico Wunderling ist Klimaforscher und arbeitet am Potsdam-Institut für Klimafolgenforschung und am Center für Critical Computational Studies (C^3S) der Goethe-Universität Frankfurt am Main.

Julia Schubert is a sociologist and works in the area of science studies. She is a post-doctoral fellow at the graduate school Fixing Futures at Goethe University, Frankfurt am Main.

Katja Schulz looks after the university's Edda Collection. She is a research assistant in Early Scandinavian Studies at Goethe University, Frankfurt am Main and for the project °Reclaiming the Northern Past° at the Reykjavík Academy in Iceland.

Sascha Staubach is a graduate geologist, assistant to the dean's office and Geo-agentur (agency for public relations) at the Department of Geosciences/Geography at Goethe University, Frankfurt am Main, and also a hobby collector of minerals.

Adhavan Sundaramurthy studied architecture at the Southern California Institute of Architecture (SCI-Arc) in Los Angeles and works as an architect and artist in Chennai, India.

Superflux was founded in 2009 by *Anab Jain* and *Jon Ardern* and is an interdisciplinary, award-winning agency for design and future experiences.

Gwenola Wagon is an artist and filmmaker. She works in the area of media art and documentation, and explores the boundaries between technology, society, and the environment.

Joshua Wodak is a visual artist and senior research fellow at the Institute for Culture and Society at Western Sydney University.

Nico Wunderling is a climate researcher and works at the Potsdam Institute for Climate Impact Research and the Center for Critical Computational Studies (C^3S) at Goethe University, Frankfurt am Main.

Abbildungsverzeichnis / List of Figures

Sofern nicht anders angegeben, stammen die Fotografien der Kunstwerke von den Künstler*innen. / Unless otherwise stated, the photographs of the artworks were taken by the artists themselves.

Colin Lyons: *We will find salvation in strategic chemical spills: Marine Cloud Brightening,* 2022, Radierung, Siebdruck (mit Meersalz gedruckt), lasergeätztes Plexiglas / etching, silkscreen (printed with sea salt), laser etched plexiglas, 61 x 40,6 cm. S. / pp. 72, 150–151. © Colin Lyons, 2022.
Colin Lyons: *We will find salvation in strategic chemical spills: Arctic Ice Restoration,* 2022, Radierung, Siebdruck (mit Kieselerde, Rohöl und Meersalz gedruckt), lasergeätztes Plexiglas / etching, silkscreen (printed with silica, crude oil, and sea salt), laser etched plexiglas, 61 x 40,6 cm. S. / p. 87. © Colin Lyons, 2022.
Colin Lyons: *We will find salvation in strategic chemical spills: Direct Air Carbon Capture,* 2022, Radierung, Siebdruck (mit Rohöl und Olivin gedruckt), lasergeätztes Plexiglas / etching, silkscreen (printed with crude oil and olivine), laser etched plexiglas, 61 x 40,6 cm. S. / p. 82. © Colin Lyons, 2022.

Maximilian Prüfer: *A Gift From Him,* 2018, 4K Video, 11:31 min. S. / p. 34. © Maximilian Prüfer, 2018.
Maximilian Prüfer: *Handpollination,* 2018, Kunstdruck, Museumsglas, Diptychon / print, museum glass, diptych, je / each 46,5 x 70 cm. S. / pp. 37–38. © Maximilian Prüfer, 2018.
Maximilian Prüfer: *Pear,* 2019, Bronzeguss, Obstkorb / bronze casting, fruit basket, 40 x 30 x 11 cm. S. / p. 36. © Maximilian Prüfer, 2019.
Maximilian Prüfer: *Bee 3,* 2023, Bambus, Rinde, Hühnerfedern, Vitrine / bamboo, bark, chicken feathers, display case, 158,7 x 122 x 70 cm. S. / p. 35. © Maximilian Prüfer, 2023.

Oliver Ressler: *Carbon and Captivity,* 2020, 4K Video, 33 min. S. / pp. 68–69, 71, 73, 88–89, 116–117. © VG Bild-Kunst, Bonn 2025, für Oliver Ressler.
Oliver Ressler: *Storage Block,* 2024, 160 x 40 x 50 cm. S. / p. 121. Foto / photo: Johannes Stoll / Belvedere, Wien. © VG Bild-Kunst, Bonn 2025, für Oliver Ressler.

Sammlungen der Goethe-Universität / Goethe University collections. S. / pp. 108–111. © MGGU / Uwe Dettmar, 2025.

Adhavan Sundaramurthy: *Thiruvalluvar City,* 2019, 3D-Druck, PLA, Goldfarbe / 3D print, PLA, gold paint, 36,4 x 39,2 x 40,5 cm. S. / p. 95. © Adhavan Sundaramurthy, 2019.
Adhavan Sundaramurthy: *Doublets – Irattaikilavi,* 2019, 3D-Druck, PLA, Goldfarbe / 3D print, PLA, gold paint, 23,6 x 22,4 x 45,7 cm. S. / p. 99. © Adhavan Sundaramurthy, 2019.
Adhavan Sundaramurthy: *Inaichol,* 2019, 3D-Druck, PLA, Goldfarbe / 3D print, PLA, gold paint, 54,3 x 29,3 x 19 cm. S. / p. 25. © Adhavan Sundaramurthy, 2019.

Superflux: *The Seas Are No Longer Dying,* 2022. S. / pp. 52, 58–59. Foto / photo: Sandra Ciampone. © Superflux & Cream Projects, 2022.

Gwenola Wagon: *Chroniques du Soleil Noir / Chronicles of the Dark Sun,* 2023, Produktion mit Unterstützung von Hangar Y, in Zusammenarbeit mit dem Observatorium Paris – PSL / production with support from Hangar Y, in collaboration with the Paris Observatory – PSL. S. / pp. 16–17, 78, 102–103, 125, 128–129, 134–135, 137. © Gwenola Wagon, 2023.

Joshua Wodak: Akira: *>2* and *<2 degrees of separation <2028* aus der Serie / from the series *When I Was Buoyant,* 2012. S. / pp. 54–55. © Joshua Wodak, 2012.
Joshua Wodak: Moira: *>2 and <2 degrees of separation <2028* aus der Serie / from the series *When I Was Buoyant,* 2012. S. / pp. 64–65. © Joshua Wodak, 2012.

Impressum / Imprint

Dieser Katalog erscheint anlässlich der Ausstellung *Fixing Futures. Planetare Zukünfte zwischen Spekulation und Kontrolle* im Museum Giersch der Goethe-Universität in Frankfurt am Main vom 5. April bis 31. August 2025. / This catalog was published to accompany the exhibition *Fixing Futures. Planetary Futures between Speculation and Control* at the Giersch Museum of Goethe University in Frankfurt am Main from April 5 to August 31, 2025.

MG GU Museum Giersch der Goethe-Universität

Herausgeber*innen / Editors
Laura Domes, Steven Gonzalez Monserrate, Ina Neddermeyer, Tim Pickartz, Julia Schubert im Auftrag des Museum Giersch der Goethe-Universität / on behalf of the Giersch Museum of Goethe University

Katalogredaktion und kuratorische Assistenz / Editorial and curatorial assistant
Tizian Holzbach

Künstlerische Leitung / Artistic directors
Laura Domes, Ina Neddermeyer

Wissenschaftlicher Beirat / Academic advisory board
Steven Gonzalez Monserrate, Julia Schubert

Vermittlung und Diskurs / Communication and discourse
Tim Pickartz

Presse- und Öffentlichkeitsarbeit / Press and publicity
Christine Karmann

Studentische Mitarbeit / Student assistant
Hannah Maximini

Sekretariat / Administration
Verena Hopfgarten, Carina Matschke

Ausstellungsarchitektur / Exhibition architecture
social.form Projektentwicklung, Raum & Aktion, Darmstadt

Ausstellungsgrafik und Kataloggestaltung / Exhibition design and catalog design
Anna Pirot, Denise Zoe Weinert, Bureau Mitte, Frankfurt am Main

Haustechnik / Building services
Klaus Heck

Freie Mitarbeiter*innen Kunstvermittlung / Freelance art communication
Claudia Caesar, Pascal Heß, Claudia Knöpfel, Berby Krägefsky, Ulrike Markus, Charlotte Rahn, Agnieszka Vogel, Liu Xue

Gesamtherstellung / Overall production
Neofelis Verlag

Projektleitung Verlag / Production management publisher
Matthias Naumann

Lektorat / Copyediting
Anna Galt, Matthias Naumann

Übersetzungen / Translations
Anna Galt, Claudine Oppel

Papier / Paper
Circle Volume (100% Recyclingpapier / recycling paper, Blauer Engel)

Druck / Printing
Uhl-Media GmbH, Bad Grönenbach

Bibliografische Information der Deutschen Nationalbibliothek / German National Library Cataloging in Publication Data
Die Deutsche Nationalbibliothek verzeichnet diese Publikation in der Deutschen Nationalbibliografie; detaillierte bibliografische Daten sind abrufbar über / A catalog record for this book is available from the German National Library: http://dnb.d-nb.de

www.neofelis-verlag.de
Neofelis Verlag GmbH, Kuglerstr. 59, D-10439 Berlin, info@neofelis-verlag.de

ISBN (Print): 978-3-95808-458-2
ISBN (PDF): 978-3-95808-509-1

Finanziert durch / Funded by

STIFTUNG GIERSCH

GOETHE UNIVERSITÄT FRANKFURT AM MAIN

Gefördert durch / Supported by

Gefördert durch: KULTURSTIFTUNG DES BUNDES

Gefördert von: Die Beauftragte der Bundesregierung für Kultur und Medien

hessische kultur stiftung

FIXING FUTURES

DFG Deutsche Forschungsgemeinschaft

CCS center for critical computational studies

Sammlungen Goethe-Universität Frankfurt

NORMATIVE ORDERS Forschungszentrum der Goethe-Universität Frankfurt am Main